高等职业教育新目录新专标电子与信息大类教材

Web 前端开发
——交互式设计（JavaScript+jQuery）

孙佳帝　孙文江　主　编

电子工业出版社
Publishing House of Electronics Industry
北京·BEIJING

内 容 简 介

本书是针对零基础读者编写的动态网站开发入门教材，循序渐进地介绍了 JavaScript 开发技术。依据 Web 前端开发岗位的职业能力要求，本书重点介绍了 JavaScript 的核心技术，并在此基础上详细讲解了 jQuery 框架的使用方法。本书使用热点案例，可以让初学者快速掌握动态网站开发技术。通过扫描二维码，读者可以进行课堂训练，进一步巩固所学知识，提高实际开发能力。

本书内容全面，结合 ECMAScript6（简称 ES6）标准，重点突出，易于理解，每章内容简洁紧凑，从最佳实践的角度入手，为读者更好地使用 JavaScript 及 jQuery 框架开发动态网页提供了很好的指导。本书分为 10 个单元，前 9 个单元包括 JavaScript 概述、JavaScript 基础、JavaScript 函数、面向对象编程、JavaScript 内置对象、BOM 编程、DOM 编程、DOM 事件、利用 jQuery 编程。最后一个单元通过利用 JavaScript/jQuery 设计一个个性化网站，以提升读者的综合技能。

本书适合作为高等职业院校软件技术、计算机应用技术、数字媒体技术、大数据技术与应用等专业的动态网页程序设计相关课程的教材，也可以作为打算学习和从事 JavaScript+jQuery 动态网页设计的开发人员的参考书。

未经许可，不得以任何方式复制或抄袭本书之部分或全部内容。
版权所有，侵权必究。

图书在版编目（CIP）数据

Web 前端开发：交互式设计：JavaScript+jQuery /孙佳帝，孙文江主编. —北京：电子工业出版社，2023.6
ISBN 978-7-121-44885-0

Ⅰ. ①W… Ⅱ. ①孙… ②孙… Ⅲ. ①网页制作工具－教材②JAVA 语言－程序设计－教材 Ⅳ. ①TP393.092.2②TP312.8

中国国家版本馆 CIP 数据核字（2023）第 007832 号

责任编辑：魏建波　　　　　　　特约编辑：田学清
印　　刷：北京盛通数码印刷有限公司
装　　订：北京盛通数码印刷有限公司
出版发行：电子工业出版社
　　　　　北京市海淀区万寿路 173 信箱　　邮编：100036
开　　本：787×1092　1/16　　印张：15.75　　字数：403 千字
版　　次：2023 年 6 月第 1 版
印　　次：2024 年 8 月第 2 次印刷
定　　价：49.00 元

凡所购买电子工业出版社图书有缺损问题，请向购买书店调换。若书店售缺，请与本社发行部联系，联系及邮购电话：(010) 88254888，88258888。
质量投诉请发邮件至 zlts@phei.com.cn，盗版侵权举报请发邮件至 dbqq@phei.com.cn。
本书咨询联系方式：(010) 88254609，hzh@phei.com.cn。

前　言

移动互联网技术的快速发展造就了基于 Web 应用的大量需求，而良好的 Web 前端交互设计与用户体验，对 Web 应用在吸引用户方面起着至关重要的作用。JavaScript 是 Web 客户端的主流编程语言，目前几乎被所有的主流浏览器支持，应用于市面上绝大部分网站中。随着 JavaScript 的广泛应用，基于 JavaScript 的框架也层出不穷，jQuery 是 JavaScript 框架中的优秀代表，也是目前网络上应用范围最广泛的 JavaScript 代码库。其凭借简洁的语法让开发者轻松实现很多以往需要大量 JavaScript 代码才能完成的功能和特效，并对 CSS、DOM、AJAX 等各种标准 Web 技术提供了许多实用而简便的方法，同时也很好地解决了浏览器之间的兼容性问题。

本书从 JavaScript 与 jQuery 技术基础开始讲解，采用"案例制作+课堂训练"的方式，内容循序渐进、案例丰富实用，既可作为 JavaScript、jQuery 初学者的入门教材，也可作为具有一定 Web 前端基础的读者进一步学习的参考书。本书针对 Web 前端开发工程师所需技能，按照【学习目标】→【情境引例】→【案例分析】→【解决方案】→【归纳总结】路线，配备课堂训练和典型的案例分析实现，强化 Web 前端开发工程师所需技能，提升学生动手能力，是一本应用当前流行前端技术实现客户端交互效果的实用教材。与其他同类教材相比，本书具有以下特点。

- 零基础、入门级的讲解。

无论读者是否从事计算机相关行业，以及是否接触过网站开发，都能以本书作为起点开始学习相关知识。

- 突出重点、化解难点。

充分考虑读者的认知规律，突出重点，训练其必备技能。面向实际应用组织本书内容，通过情境与案例进行讲解、分析，化解知识难点。

- 实用、专业的情境和案例。

从 JavaScript 基本概念开始，逐步带领读者学习动态网站开发的各种应用技巧，侧重实战技能。使用简单易懂的实际案例进行分析和操作指导，让读者学习起来简明、轻松，操作起来有章可循。

- 随时随地学习。

本书提供了全部案例和课堂训练的源代码，以及在线测试和技能训练试题，读者可以通过扫描二维码，随时随地学习。

本书由具有多年高校教学经验的"双师型"教师孙佳帝、孙文江主编，参加编写的人员还有张卓和白哲佳。孙佳帝编写单元6、单元9和单元10；孙文江编写单元1、单元2和单元3；张卓编写单元7和单元8；白哲佳编写单元4和单元5。在编写过程中，编者虽竭尽所能想把最好的内容呈献给读者，但书中难免存在疏漏和不妥之处，敬请读者不吝指正。

编　者

目　录

单元 1　JavaScript 概述 ·· 1
　1.1　认识 JavaScript ·· 1
　　1.1.1　什么是 JavaScript ··· 1
　　1.1.2　JavaScript 的发展历程 ·· 2
　　1.1.3　JavaScript 的用途 ··· 3
　　1.1.4　JavaScript 的组成 ··· 4
　1.2　搭建 JavaScript 开发环境 ··· 5
　　1.2.1　选择 JavaScript 脚本编辑器 ·· 5
　　1.2.2　安装与配置 Visual Studio Code ·· 6
　　1.2.3　安装并使用 Node.js ·· 9
　　1.2.4　安装与配置 http-server ·· 10
　1.3　在 HTML 中使用 JavaScript ··· 10
　　1.3.1　嵌入 HTML 文档中的脚本 ·· 11
　　1.3.2　引入外部 JavaScript 文件的脚本 ··· 11
　　1.3.3　嵌入 HTML 标签事件中的脚本 ··· 12

单元 2　JavaScript 基础 ·· 14
　2.1　JavaScript 词法符号 ·· 14
　　2.1.1　字符集 ·· 14
　　2.1.2　字母大小写敏感性 ·· 14
　　2.1.3　空白符和换行符 ·· 15
　　2.1.4　可选择的分号 ··· 15
　　2.1.5　注释与文本换行符 ·· 15
　　2.1.6　标识符 ·· 15
　　2.1.7　关键字与保留字 ·· 15
　2.2　数据类型 ··· 16
　　2.2.1　Boolean ··· 16
　　2.2.2　Null ··· 17
　　2.2.3　Undefined ··· 17
　　2.2.4　Number ··· 17

    2.2.5　BigInt ·· 18
    2.2.6　String ·· 18
    2.2.7　Symbol ··· 19
    2.2.8　Object ·· 20
  2.3　变量 ·· 21
    2.3.1　什么是变量 ·· 21
    2.3.2　使用 var 定义变量 ····································· 21
    2.3.3　使用 let 定义变量 ····································· 22
    2.3.4　变量的赋值 ·· 23
    2.3.5　变量的作用域 ·· 23
  2.4　常量 ·· 24
    2.4.1　符号常量 ··· 24
    2.4.2　字面量 ·· 25
  2.5　运算符和表达式 ··· 28
    2.5.1　算术运算符 ··· 28
    2.5.2　赋值运算符 ··· 29
    2.5.3　关系运算符 ··· 29
    2.5.4　逻辑运算符 ··· 29
    2.5.5　相加运算符 ··· 30
    2.5.6　其他运算符 ··· 30
    2.5.7　运算符优先级 ·· 31
    2.5.8　JavaScript 表达式 ····································· 31
    2.5.9　数据类型转换 ·· 33
  2.6　语句 ·· 34
    2.6.1　if 语句 ·· 34
    2.6.2　if...else 语句 ··· 35
    2.6.3　switch 语句 ·· 35
    2.6.4　for 语句 ··· 37
    2.6.5　while 语句 ·· 38
    2.6.6　do...while 语句 ·· 40
    2.6.7　for...in 语句 ·· 40
    2.6.8　for...of 语句 ·· 41
    2.6.9　label 语句 ·· 41
    2.6.10　break 语句 ·· 41
    2.6.11　continue 语句 ··· 41
    2.6.12　throw 语句 ·· 42
    2.6.13　try...catch 语句 ······································· 42
    2.6.14　try...catch...finally 语句 ···························· 43
    2.6.15　空语句 ··· 44

目录

  2.6.16 定义语句 ·· 44
  2.6.17 return 语句 ··· 44

单元 3 JavaScript 函数 ·· 45

 3.1 认识函数 ··· 45
  3.1.1 什么是函数 ··· 45
  3.1.2 函数声明 ·· 46
  3.1.3 函数调用 ·· 47
  3.1.4 函数作用域 ··· 49
  3.1.5 函数提升 ·· 50
 3.2 函数参数与返回值 ·· 50
  3.2.1 函数参数 ·· 50
  3.2.2 函数返回值 ··· 53
 3.3 箭头函数 ··· 54
  3.3.1 使用箭头函数声明函数 ·· 54
  3.3.2 箭头函数的特征 ·· 54
 3.4 闭包函数 ··· 55
  3.4.1 理解闭包 ·· 55
  3.4.2 闭包函数的实现 ·· 55
 3.5 递归函数 ··· 56
  3.5.1 理解递归函数 ·· 56
  3.5.2 尾调用优化 ··· 56
 3.6 系统函数 ··· 57
  3.6.1 encodeURI()函数 ·· 57
  3.6.2 decodeURI()函数 ·· 57
  3.6.3 parseInt 函数 ·· 57
  3.6.4 parseFloat()函数 ··· 58
  3.6.5 isNaN()函数 ··· 58
  3.6.6 eval()函数 ·· 58

单元 4 面向对象编程 ·· 62

 4.1 理解对象 ··· 62
  4.1.1 对象的基本概念 ·· 62
  4.1.2 属性类型 ·· 63
  4.1.3 定义多个属性 ·· 65
  4.1.4 读取属性的特征 ·· 66
 4.2 创建对象 ··· 67
  4.2.1 构造函数模式 ·· 67
  4.2.2 原型模式 ·· 67

VII

4.2.3 对象迭代 ·· 68
4.3 继承 ··· 69
　4.3.1 认识原型链 ··· 69
　4.3.2 原型式继承 ··· 71
　4.3.3 寄生式继承 ··· 71
　4.3.4 寄生式组合继承 ·· 72
4.4 类 ·· 73
　4.4.1 类定义 ··· 73
　4.4.2 类构造函数 ··· 73
　4.4.3 类成员 ··· 74
　4.4.4 继承 ·· 76

单元 5　JavaScript 内置对象 ·································· 80

5.1 Object 对象 ·· 80
　5.1.1 创建 Object 对象 ····································· 80
　5.1.2 Object 对象常用属性 ······························· 82
　5.1.3 Object 对象常用方法 ······························· 82
5.2 Function 对象 ··· 83
　5.2.1 创建 Function 对象 ································· 84
　5.2.2 Function 对象常用属性 ···························· 84
　5.2.3 Function 对象常用方法 ··························· 84
5.3 Array 对象 ·· 84
　5.3.1 创建 Array 对象 ······································ 85
　5.3.2 Array 对象常用属性 ································ 85
　5.3.3 Array 对象常用方法 ································ 86
5.4 String 对象 ··· 94
　5.4.1 创建 String 对象 ····································· 95
　5.4.2 String 对象常用属性 ································ 95
　5.4.3 String 对象常用方法 ································ 95
5.5 Boolean 对象 ·· 97
　5.5.1 创建 Boolean 对象 ·································· 97
　5.5.2 Boolean 对象常用属性 ···························· 97
　5.5.3 Boolean 对象常用方法 ···························· 97
5.6 Number 对象 ·· 98
　5.6.1 创建 Number 对象 ································· 98
　5.6.2 Number 对象常用属性 ···························· 98
　5.6.3 Number 对象常用方法 ···························· 99
5.7 Date 对象 ··· 100
　5.7.1 创建 Date 对象 ······································· 100

目录

   5.7.2 Date 对象常用属性 ·· 100
   5.7.3 Date 对象常用方法 ·· 100
  5.8 RegExp 对象 ··· 103
   5.8.1 认识正则表达式 ·· 104
   5.8.2 创建 RegExp 对象 ·· 104
   5.8.3 正则表达式中的特殊字符 ·· 104
   5.8.4 RegExp 对象常用属性 ·· 106
   5.8.5 RegExp 对象常用方法 ·· 106
  5.9 Math 对象 ·· 113
   5.9.1 Math 对象常用属性 ·· 114
   5.9.2 Math 对象常用方法 ·· 114

单元 6 BOM 编程 ··· 117

  6.1 认识 BOM ·· 117
   6.1.1 什么是 BOM ·· 117
   6.1.2 BOM 的层次结构 ··· 118
  6.2 window 对象 ·· 118
   6.2.1 window 对象常用属性 ·· 118
   6.2.2 window 对象常用方法 ·· 119
  6.3 document 对象 ··· 124
   6.3.1 document 对象常用属性 ··· 124
   6.3.2 document 对象常用方法 ··· 125
  6.4 history 对象 ··· 127
   6.4.1 history 对象常用属性 ··· 127
   6.4.2 history 对象常用方法 ··· 127
  6.5 location 对象 ·· 129
   6.5.1 location 对象常用属性 ··· 129
   6.5.2 location 对象常用方法 ··· 131
  6.6 navigator 对象 ·· 132
   6.6.1 navigator 对象常用属性 ··· 132
   6.6.2 navigator 对象常用方法 ··· 132

单元 7 DOM 编程 ··· 134

  7.1 认识 DOM ··· 134
   7.1.1 什么是 DOM ·· 134
   7.1.2 DOM 类型 ·· 135
   7.1.3 DOM 节点 ·· 136
  7.2 DOM 节点操作 ·· 137
   7.2.1 访问节点 ·· 137

IX

	7.2.2	创建节点	140
	7.2.3	添加节点	140
	7.2.4	插入节点	141
	7.2.5	删除节点	142
7.3	DOM 样式操作		145
	7.3.1	存取元素样式	145
	7.3.2	存取元素尺寸	147
	7.3.3	存取元素位置	148
	7.3.4	操作 className 属性	150

单元 8　DOM 事件 …………………………………………………………… 155

8.1	认识 DOM 事件		155
	8.1.1	什么是事件	155
	8.1.2	事件的组成	156
	8.1.3	事件的传播	156
8.2	事件处理程序		158
	8.2.1	HTML 事件处理程序	159
	8.2.2	DOM0 级事件处理程序	159
	8.2.3	DOM2 级事件处理程序	161
8.3	事件对象		162
	8.3.1	DOM 事件对象常用属性	162
	8.3.2	DOM 事件对象常用方法	162
8.4	事件类型		163
	8.4.1	UI 事件	164
	8.4.2	焦点事件	166
	8.4.3	鼠标事件	168
	8.4.4	滚轮事件	169
	8.4.5	输入事件	170
	8.4.6	键盘事件	171

单元 9　利用 jQuery 编程 ……………………………………………………… 185

9.1	认识 jQuery		185
	9.1.1	jQuery 简介	185
	9.1.2	jQuery 的特点	186
	9.1.3	jQuery 代码编写方法	186
	9.1.4	jQuery 对象与 DOM 对象的转换	187
9.2	jQuery 选择器		187
	9.2.1	认识 jQuery 选择器	187
	9.2.2	jQuery 选择器分类	188

9.2.3　jQuery 中元素属性的操作 ·················· 191
9.2.4　jQuery 中样式类的操作 ···················· 192
9.2.5　jQuery 中样式属性的操作 ·················· 193
9.2.6　jQuery 中元素内容的操作 ·················· 193
9.2.7　在 jQuery 中查找元素集合中的元素 ······· 194

9.3　jQuery 中的 DOM 操作 ································ 196
9.3.1　创建元素 ·· 196
9.3.2　插入元素 ·· 196
9.3.3　复制元素 ·· 197
9.3.4　替换元素 ·· 198
9.3.5　包裹元素 ·· 198
9.3.6　删除元素 ·· 198

9.4　jQuery 中的事件处理 ································· 201
9.4.1　jQuery 中的事件处理机制 ··················· 201
9.4.2　jQuery 中的页面载入事件 ··················· 201
9.4.3　jQuery 中的事件绑定 ························· 201
9.4.4　jQuery 中的事件冒泡 ························· 203
9.4.5　jQuery 中的合成事件 ························· 204
9.4.6　jQuery 中的模拟事件触发操作 ············· 205

9.5　jQuery 中的动画 ·· 209
9.5.1　显示和隐藏效果 ································ 209
9.5.2　滑动效果 ··· 210
9.5.3　淡入淡出效果 ··································· 211
9.5.4　自定义动画 ······································ 212

9.6　jQuery 中的 AJAX ···································· 214
9.6.1　认识 AJAX ······································· 214
9.6.2　jQuery 中的 AJAX 方法 ······················ 215
9.6.3　jQuery 中的 AJAX 事件 ······················ 216

单元 10　利用 JavaScript/jQuery 设计个性化网站 ·············· 218

10.1　建设目标 ·· 218
10.1.1　展示公司形象 ································· 218
10.1.2　获得更多目标用户 ··························· 218
10.1.3　开拓市场 ······································· 219

10.2　网站规划 ·· 219
10.2.1　市场分析 ······································· 219
10.2.2　网站建设目标和功能 ························ 219
10.2.3　网站建设中所使用的技术 ·················· 219
10.2.4　网站建设内容 ································· 220

10.3 网站设计 ………………………………………………………………… 220
　　10.3.1　设计目标 …………………………………………………… 220
　　10.3.2　网站结构设计 ……………………………………………… 220
　　10.3.3　网页效果设计 ……………………………………………… 221
10.4 网页制作 ………………………………………………………………… 224
　　10.4.1　制作首页 …………………………………………………… 224
　　10.4.2　制作"联系我们"网页 ……………………………………… 235

单元 1　JavaScript 概述

学习目标

了解 JavaScript 的发展和用途，掌握 JavaScript 的特点及其组成。能够搭建 JavaScript 开发环境，能够在 HTML 中使用 JavaScript。增强学生制作网页交互效果的信心。

情境引例

JavaScript 是当下十分流行的编程语言之一，是一门属于网络的脚本语言，也被称为"互联网语言"，可以轻松实现跨平台、跨浏览器驱动网页，以及为用户提供良好的交互功能。JavaScript 被广泛应用于 Web 应用开发，是 Web 前端职业岗位的必备核心技术之一。

在进行 Web 前端开发之前，首先要认识 JavaScript，然后在 JavaScript 的开发环境中能够熟练使用 JavaScript 实现 Web 页面的内容更新和各种交互功能。

1.1　认识 JavaScript

2005 年 AJAX 的出现为 JavaScript 赋予了新的生命。2009 年 Node.js 的诞生，培育了 JavaScript 的开发生态。目前，JavaScript 已拥有众多的库和开发工具。2014 年 HTML5 的发布，赋予了 JavaScript 更强大的能力，此时，JavaScript 已拓展到 WebApp 领域，借助主流 JavaScript 框架技术，应用范围在不断扩大。JavaScript 已成为 Web 开发的核心技术之一。

1.1.1　什么是 JavaScript

JavaScript 是一门函数优先的轻量级、解释型或即时编译型的编程语言，也是一门基于原型编程的多范式脚本语言，并且支持面向对象、命令式和声明式（如函数式）编程风格。

JavaScript 不仅可用于编写客户端的脚本程序（由 Web 浏览器解释执行），还可以用于编写服务器端执行的脚本程序（在服务器端处理用户提交的信息并动态地向客户端浏览器返回结果）。JavaScript 的主要特征有如下几个方面。

（1）解释型。JavaScript 源代码不需要经过编译，可以直接嵌入在 HTML 页面中，在浏览器中运行时被解释。

（2）基于对象。很多交互功能是通过运用脚本环境对象的方法与脚本的相互作用来实现的。

（3）事件驱动。JavaScript 可以直接对用户页面的操作行为做出响应，不需要通过 Web 服务器处理。

（4）跨平台。JavaScript 不依赖于操作系统，与操作环境无关，只要计算机运行支持 JavaScript 的浏览器，它就可以正常执行。

1.1.2　JavaScript 的发展历程

JavaScript 是随着浏览器的出现而问世的。1995 年 2 月 Netscape（网景）公司发布了 Netscape Navigator 2 浏览器，该公司的布兰登·艾奇（Brendan Eich）为 Netscape Navigator 2 浏览器开发了 LiveScript 脚本语言，主要目的是处理表单数据验证，避免由服务器端验证导致延时问题。LiveScript 语法借鉴 Java，函数借鉴 Scheme，原型继承借鉴 Self，正则表达式特性借鉴 Perl。当时正逢 Sun 公司的股票飞涨，为搭上 Java 开发成功的顺风车，Netscape 公司将 LiveScript 改名为 JavaScript。由于 JavaScript 1.0 获得了巨大成功，Netscape 公司随即在 Netscape Navigator 3 浏览器中发布了 JavaScript 1.1。

在 Netscape Navigator 3 浏览器发布后不久，Microsoft 公司不甘示弱，紧跟着 Netscape 公司在 Internet Explorer 3 中加入 JavaScript，为了避免与 Netscape 公司的 JavaScript 产生纠纷，Microsoft 公司特意将其命名为 JScript，这门语言和 JavaScript 很像，浏览器大战就此爆发。自从 Microsoft 公司在操作系统中内置 Internet Explorer 3，Netscape 公司就面临着即将丧失浏览器脚本语言主导权的局面。1996 年 11 月，Netscape 公司决定将 JavaScript 提交给国际标准化组织（ISO），希望 JavaScript 能够成为国际标准，以抵抗 Microsoft 公司。

1997 年，欧洲计算机制造商协会（ECMA）以 JavaScript 1.1 为蓝本制定了 ECMA-262 脚本语言的标准，并命名为 ECMAScript，这个版本就是 ECMAScript 1.0，它规定了浏览器脚本语言的标准。之所以不叫 JavaScript，一方面是由于商标的关系，Java 是 Sun 公司的商标，现已被 Oracle 公司收购，根据一份授权协议，只有 Netscape 公司可以合法地使用 JavaScript 这个名字，且 JavaScript 已经被 Netscape 公司注册为商标；另一方面是想体现这门语言的制定者是 ECMA，而不是 Netscape 公司，这样有利于保证这门语言的开放性和中立性。因此，ECMAScript 和 JavaScript 的关系是：前者是后者的规范，后者是前者的一种实现。

1998 年 6 月，ECMAScript 2.0 发布。1999 年 12 月，ECMAScript 3.0 发布，并成为 JavaScript 的通行标准，得到广泛支持。2007 年 10 月，ECMAScript 4.0 草案发布，对 ECMAScript 3.0 做了大幅升级。由于 ECMAScript 4.0 的目标过于激进，各方对于是否通过这个标准产生了严重分歧。以 Yahoo、Microsoft、Google 为首的公司，反对 JavaScript 的大幅升级，主张小幅改动；以 JavaScript 创造者 Brendan Eich 为首的 Mozilla 公司，则坚持当前的草案。2008 年 7 月，由于对于下一个版本应该包括哪些功能，各方分歧太大，争论过于激进，ECMA 开会决定，终止 ECMAScript 4.0 的开发，将其中涉及现有功能改善的一小部分发布为 ECMAScript 3.1，而将其他激进的设想扩大范围，放入以后的版本，根据会议的气氛，该版本的项目代号被命名为 Harmony（和谐）。

2009 年 12 月，ECMAScript 5.0 正式发布。Harmony 项目则一分为二，一些较为可行的设想被命名为 JavaScript.Next，并得以继续开发，后来演变成 ECMAScript 6.0，2015 年 6 月，ECMAScript 6.0 正式发布，并被更名为 ECMAScript 2015，由此每年更新一次 ECMAScript。ECMAScript 的发展历程如图 1-1 所示。

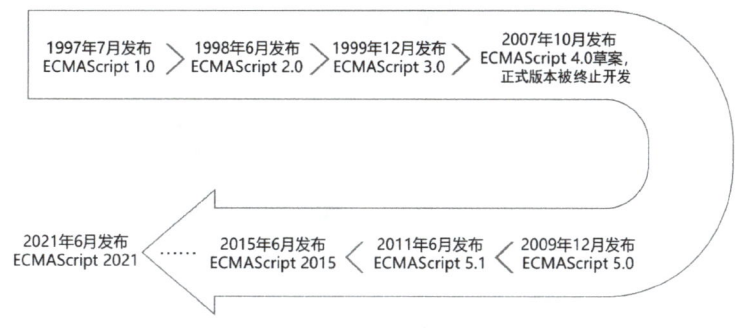

图 1-1　ECMAScript 的发展历程

1.1.3　JavaScript 的用途

JavaScript 是世界上流行的编程语言之一。使用 JavaScript 不仅可以开发浏览器应用程序，也可以开发手机应用程序（App）和服务器端程序。在项目开发中，网页中许多常见的交互效果是利用 JavaScript 来实现的，JavaScript 可以使网页的互动性更强，用户体验更好。JavaScript 的主要用途有如下几个方面。

（1）创建拥有强大而丰富的交互功能的 Web 应用程序，基于 HTML5 可实现应用缓存、本地存储、本地数据库等 Web 应用。基于 HTML5 开发的 Brandify 网站如图 1-2 所示。

（2）使用 Node.js 编写服务器端程序。应用 Node.js 的沃尔玛公司网站如图 1-3 所示。

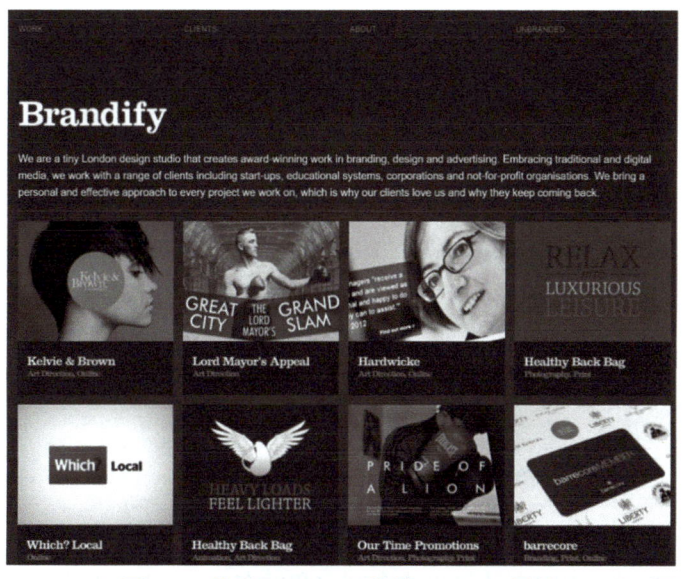

图 1-2　基于 HTML5 开发的 Brandify 网站

图 1-3　应用 Node.js 的沃尔玛公司网站

（3）用于开发移动端应用程序。可利用前端 JavaScript 开发框架（Angular.js、Vue.js、React.js 等）开发移动端应用程序，如图 1-4 和图 1-5 所示。

图 1-4　利用 Vue.js 开发的饿了么 App

图 1-5　微信小程序

1.1.4　JavaScript 的组成

一个完整的 JavaScript 实现包括 ECMAScript、DOM 和 BOM 三部分，如图 1-6 所示。

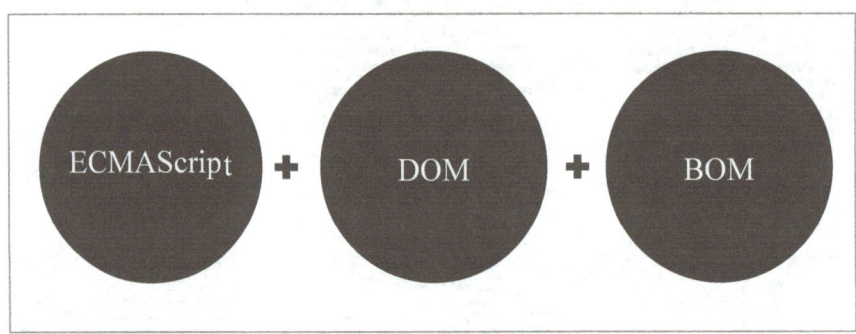

图 1-6　JavaScript 组成

1. ECMAScript（核心部分）

ECMAScript 是一种脚本语言规范，由欧洲计算机协会制定和发布，任何基于此规范实现的脚本语言都要遵守它的约定。JavaScript 就是一门基于 ECMAScript 规范实现的脚本语言，并在此基础上进行了自己的封装。

2. DOM

DOM（Document Object Model，文档对象模型）是 HTML 和 XML 文档的编程接口。它提供了对文档结构化的表述，并定义了一种利用程序访问该结构的方式，从而可以动态地改变文档的结构、样式和内容。DOM 将文档解析为一个由节点和对象（包含属性和方法的对象）组成的结构集合，其中，文档的根节点是 document 节点，唯一子节点是 html 元素，也叫文档元素，其他元素都是这个 html 元素的子元素。

DOM 是由 Web 技术的标准化组织 W3C 进行标准化的，目前有 4 个等级。1998 年 10 月 1 日，DOM Level1 成为 W3C 的推荐标准，其目标是映射文档结构。2000 年 11 月 13 日，DOM Level2 成为 W3C 的推荐标准，将 DOM 分为更多具有联系的模块，在原来 DOM 的基础上又扩充了鼠标、用户界面事件、范围、遍历等细分模块，而且通过对象接口增加了对 CSS 的支持。2004 年 4 月 7 日，DOM Level3 成为 W3C 的推荐标准，其进一步扩展 DOM，引入了以统一方式加载和保存文档的方法，还新增了验证文档的方法。目前，W3C 不再按照 Level 来维护 DOM 了，而是按照 DOM Living Standard 来维护，并将其命名为 DOM4。

除 W3C 推荐的 DOM 标准外，其他语言也发布了自己的 DOM 标准。

3. BOM

BOM（Browser Object Model，浏览器对象模型）是用于支持用户访问和操作浏览器窗口的技术，多年来，BOM 是在缺乏规范的背景下发展起来的，直到有了 HTML5，HTML5 规范中有一部分涵盖了 BOM 的主要内容。BOM 由多个对象组成，其中代表浏览器窗口的 window 对象是 BOM 的顶层对象，其他对象都是该对象的子对象。

1.2 搭建 JavaScript 开发环境

传统的 JavaScript 开发环境是利用客户端的浏览器来运行的，主流的现代浏览器主要有 Google Chrome、Microsoft Edge、Mozilla Firefox、Safari。Node.js 的出现让 JavaScript 能够在服务器端执行。为满足开发的需要，要选择一款现代编辑器；为运行或测试服务器端 JavaScript 脚本，还需要安装 Node.js 环境并配置 Web 服务器。

1.2.1 选择 JavaScript 脚本编辑器

所谓"工欲善其事，必先利其器"，在编写程序之前，先要准备好开发环境和工具，选择一款具有文本处理能力和语法分析能力的现代编辑器，从而可以极大地提高程序开发效率与增强用户体验。

1. WebStorm

WebStorm 是 Jetbrains 公司旗下的一款 JavaScript 开发工具，被广大 JavaScript 开发者誉为"Web 前端开发神器""最强大的 HTML5 编辑器""最智能的 JavaScript IDE"等。与

IntelliJ IDEA 同源，WebStorm 继承了 IntelliJ IDEA 强大的 JavaScript 部分的功能。

2. Visual Studio Code

Visual Studio Code（VS Code）是一款由 Microsoft 公司开发的，功能十分强大的轻量级编辑器。该编辑器提供了丰富的快捷键，集成了语法高亮、可定制按键绑定、括号匹配及代码片段收集的功能，并且支持多种语法和文件格式的编写。Visual Studio Code 可运行于 Windows、macOS 和 Linux 平台，支持 JavaScript、TypeScript 和 Node.js 等多种主流语言。

3. Sublime Text

Sublime Text 是由程序员 Jon Skinner 于 2008 年 1 月开发的，最初被设计为一个具有丰富扩展功能的 Vim。

Sublime Text 是一款轻量级的代码编辑器，具有漂亮的用户界面和强大的功能，支持拼写检查、书签、自定义按键绑定等功能，还可以通过灵活的插件机制扩展编辑器的功能，其插件可以利用 Python 开发。Sublime Text 是一款跨平台的编辑器，支持 Windows、Linux、macOS 等平台。

4. HBuilderX

HBuilderX（HX）是由 DCloud（数字天堂）公司推出的一款支持 HTML5 的 Web 开发编辑器。HBuilderX 中的 H 是 HTML 的首字母，Builder 是构造者，X 是 HBuilder 的下一代版本。在前端开发、移动端开发方面，HBuilderX 提供了丰富的功能和贴心的用户体验，还为基于 HTML5 的移动端 App 开发提供了良好的支持。

5. Brackets

Brackets 由 Adobe 公司创建和维护，根据 MIT 许可证发布，支持 Windows、Linux 及 macOS 平台。Brackets 是一个免费、开源且跨平台的 HTML/CSS/JavaScript 前端 Web 集成开发环境（IDE 工具）。

Brackets 的特点是简约、优雅、快捷。它没有太多花哨的功能，页面中也没有很多视图或面板，核心目标是减少在开发过程中效率低下的重复性工作，如浏览器刷新、修改元素的样式和搜索功能等。

本书选择使用 Visual Studio Code 编辑器。

1.2.2　安装与配置 Visual Studio Code

在 Visual Studio Code 官方网站下载 Visual Studio Code 后，根据开发需要安装常用扩展插件。

1. 安装 Visual Studio Code

访问 Visual Studio Code 官方网站，在打开的下载页面中，根据计算机操作系统类型选择下载文件，如图 1-7 所示。

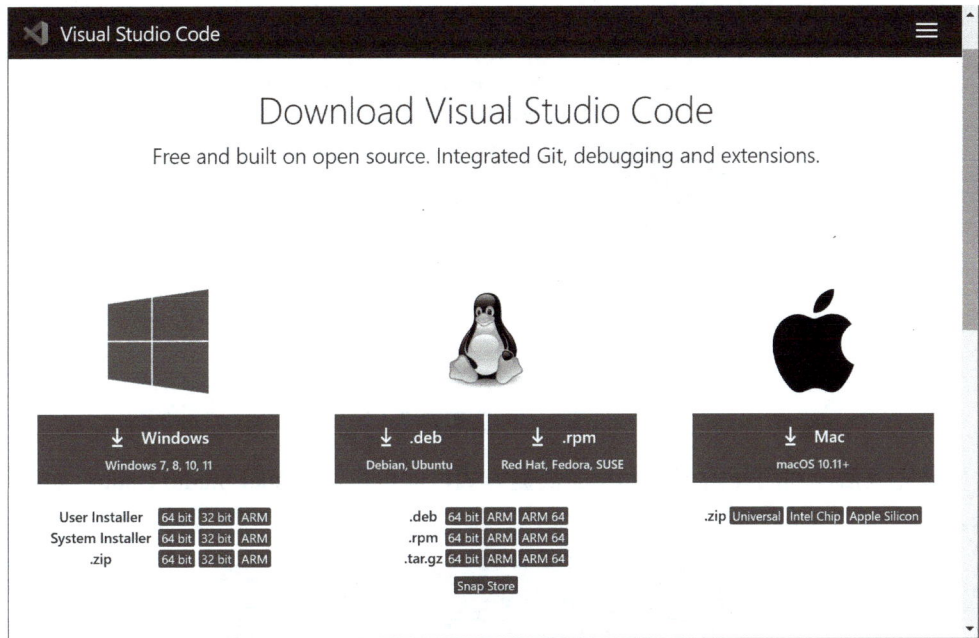

图 1-7　Visual Studio Code 下载页面

双击打开下载的文件，根据提示执行安装操作，如图 1-8～图 1-12 所示，默认安装路径为 C:\Program Files\Microsoft VS Code。

图 1-8　同意许可协议

图 1-9　选择附加任务

图 1-10　准备安装

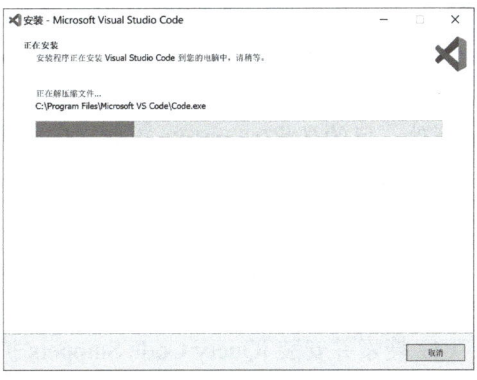

图 1-11　正在安装

图 1-12 安装完成

安装完成后，利用开始菜单或桌面快捷方式，即可启动 Visual Studio Code，如图 1-13 所示。

图 1-13 启动 Visual Studio Code

2. 安装常用扩展插件

在"查看"菜单中选择"扩展"命令，或单击左侧边框中的"扩展"图标进入扩展视图页面安装或卸载扩展，在顶部搜索框中输入需要安装的扩展插件，找到之后在扩展插件后面的选项中单击"安装"按钮，即可开始安装。若要卸载扩展插件，只需单击"卸载"按钮即可。

说明：在搜索扩展插件时，带 snippets 的一般是代码提示类扩展，带 viewer 的一般是代码运行预览类扩展，带 support 的一般是代码语言支持扩展，带 document 的一般是参考文档类扩展，带 format 的一般是代码格式化整理扩展。

（1）搜索并安装 Chinese (Simplified) (简体中文) Language Pack for Visual Studio Code 扩展插件，目的是将 Visual Studio Code 转换为简体中文版。

（2）搜索并安装 JavaScript (ES6) code snippets 扩展插件，该插件提供了 ECMAScript6 语法智能提示及快速输入功能。

（3）搜索并安装 JS-CSS-HTML Formatter 扩展插件，该插件提供了自动格式化代码功能。

（4）搜索并安装 jQuery Code Snippets 扩展插件，该插件提供了实现 jQuery 代码智能提示功能。

（5）搜索并安装 Debugger for Chrome 扩展插件，它是 Google Chrome 浏览器自带的一款 Web 编写和调试工具，为 Web 开发人员深入地访问浏览器内部和 Web 应用提供了机会，可以有效地跟踪布局问题，设置 JavaScript 断点，以及进行 JavaScript 代码优化。

1.2.3　安装并使用 Node.js

Node.js 是一个基于 Chrome V8 引擎的 JavaScript 运行时环境。JavaScript 除可以使用浏览器在前端执行外，还可以通过 Node.js 环境在服务器端执行。

1. 下载并安装 Node.js

访问 Node.js 官方网站，打开下载页面，下载最新版本或稳定版本的 Node.js，如图 1-14 所示。

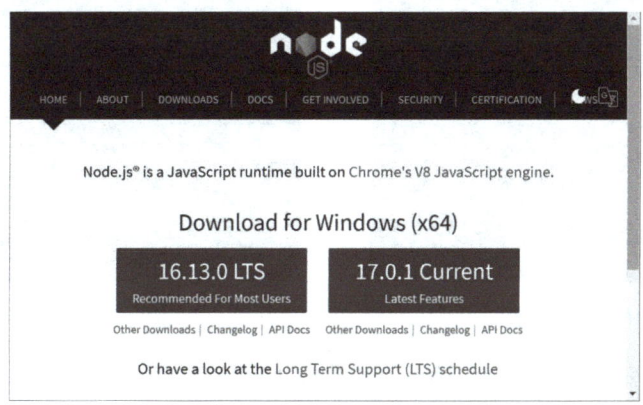

图 1-14　Node.js 下载页面

双击打开下载的文件，根据提示执行安装操作，默认安装路径为 C:\ProgramFiles\nodejs。安装完成后，打开终端验证安装是否成功。

按 Windows+R 快捷键，弹出"运行"对话框，在文本框中输入 cmd，单击"确定"按钮，弹出命令行窗口，输入命令 node -v，若安装成功则显示当前 Node.js 版本信息，如图 1-15 所示。

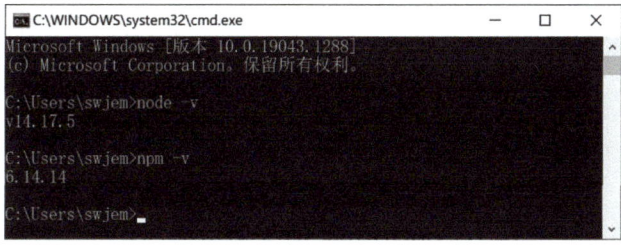

图 1-15　Node.js 版本信息

2. 使用 Node.js

在命令行窗口中输入命令 node，进入 node 代码执行与编辑模式，系统显示一个箭头和输入光标。此时可以输入 JavaScript 代码，也可以执行 JavaScript 脚本文件。

1.2.4　安装与配置 http-server

http-server 是一台简单的零配置的命令行 http 服务器，它的功能足够强大，便于生产和使用，可用于本地测试和开发。在命令行窗口中，使用 npm 安装 http-server 的命令是 npm install http-server -g，安装完成后，进入项目目录，通过命令行命令 http-server 启动 http 服务器。

【训练 1-1】启动 http 服务器。

（1）打开命令行窗口，首先在 D:\创建目录 jswww，然后进入此目录，输入命令 http-server 启动 http 服务器。具体操作如图 1-16 和图 1-17 所示。

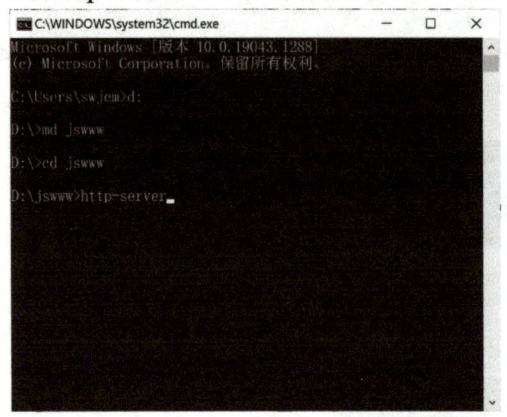

图 1-16　创建目录 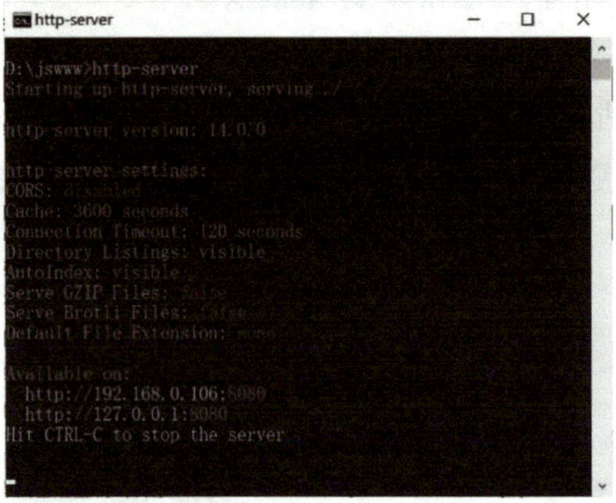　　　　　　　　　　图 1-17　启动 http 服务器

（2）打开浏览器，在地址栏中输入"127.0.0.1:8080"，访问 http 服务器，效果如图 1-18 所示。

图 1-18　访问 http 服务器的效果

1.3　在 HTML 中使用 JavaScript

开发人员可以通过<script>标签将 JavaScript 插入 HTML 页面中，与其他标签混合在一起，也可以采用外部文件引入方法引入保存在外部文件中的 JavaScript 代码，还可以动态加载 JavaScript 代码。本书推荐使用外部文件引入方法，这样更方便维护代码，下载的文件可以实

现缓存，也能适应未来的发展。为了解决加载 JavaScript 代码导致的页面渲染明显延迟的问题，现代 Web 应用程序通常将 JavaScript 引用放在 body 元素中页面内容的后面。

1.3.1 嵌入 HTML 文档中的脚本

<script></script>是 HTML 为引入脚本程序而定义的一个双标签。插入脚本的方法是将<script></script>标签置于页面的 head 元素或 body 元素中，在其中写入脚本程序。语法格式：

```
<script>
    // JavaScript 脚本部分
</script>
```

【训练 1-2】在 HTML 文档中嵌入 JavaScript 脚本。代码清单为 code1-2.html。

```
<!DOCTYPE html>
<html>
<head>
    <meta charset="utf-8">
    <title></title>
</head>
<body>
    <script>alert("Hello World!")</script>
</body>
</html>
```

利用浏览器打开 code1-2.html，即可看到效果。

1.3.2 引入外部 JavaScript 文件的脚本

引入外部 JavaScript 文件的方法是使用<script>标签的 src 属性来指定外部文件的 URL。语法格式：

```
<script src= "URL"></script>
```

说明：在使用 src 属性时，<script>标签之间的任何内容都将被忽略。脚本的执行在默认情况下是同步和阻塞的。

【训练 1-3】在 HTML 文档中引入外部 JavaScript 文件。

（1）编写 HTML 结构。代码清单为 code1-3.html。

```
<!DOCTYPE html>
<html>
<head>
    <meta charset="utf-8">
    <title>在 HTML 文档中引入外部 JavaScript 文件</title>
</head>
<body>
    <script src="js/hello.js"></script>
</body>
</html>
```

（2）编写 JavaScript 脚本。代码清单为 hello.js。
```
alert("Hello World!");
```
（3）利用浏览器打开 code1-3.html，即可看到效果。

1.3.3 嵌入 HTML 标签事件中的脚本

HTML 标签内可以将事件以属性的形式引入，然后将 JavaScript 脚本写在该事件的事件处理程序中。例如，嵌入<button>标签事件中的脚本格式如下：

```
<button onclick="fnc"></button>
```

【训练 1-4】在 HTML 标签事件中嵌入 JavaScript 脚本。代码清单为 code1-4.html。

```
<!DOCTYPE html>
<html>
<head>
    <meta charset="utf-8">
    <title></title>
</head>
<body>
    <button onclick="alert('Hello World!')">点我</button>
</body>
</html>
```

【案例 1-1】高性能引入外部 JavaScript 文件

随着 Web 应用日趋丰富，越来越多的 JavaScript 被运用到页面中。用户对前端性能的体验备受关注，尤其是引入外部 JavaScript 文件时会阻塞其他资源的下载，这已成为开发者必须思考和解决的一个重要问题。

【案例分析】

HTML 页面由定义页面结构与内容的 HTML、定义布局与外观的 CSS 和改变交互行为的 JavaScript 脚本相互结合而成。根据 Web 标准和各方独立开发的原则，应将 JavaScript 代码独立于 HTML 文档。在商业开发中，推荐使用<script>标签的 src 属性引入外部 JavaScript 文件。

浏览器将 HTML 解析成 DOM、CSS 解析成 CSSOM，一边下载文件一边解析，当遇到 script 元素时就把页面渲染的权利转交给 JavaScript 引擎，处理完毕后再恢复到渲染引擎上。

为了提升用户体验，现代浏览器开始支持并行下载 JavaScript 代码"延迟脚本"，但是其下载仍然会阻塞其他资源的下载。浏览器会保持 HTML 中 CSS 和 JavaScript 代码的顺序，样式表必须在嵌入的 JavaScript 被执行前先被下载和解析。而引入的 JavaScript 代码会阻塞后面的资源下载，所以会出现 CSS 阻塞资源下载的情况。

另外，当引入多个 JavaScript 文件时，也会出现影响页面渲染的性能问题。

【解决方案】

为了防止出现引入 JavaScript 文件产生的阻塞和性能问题，推荐将所有<script>标签放在<body>标签的底部，以尽量减少对整个页面渲染的影响，避免用户看到一片空白的页面。

当大型网站和网络应用需要依赖多个 JavaScript 文件时，减少页面渲染所需的 HTTP 请求是网站提速的一条经典法则。减少页面中引入 JavaScript 文件的数量将会改善性能，所以可通过把多个文件合并成一个文件的方法来减少性能的消耗，压缩 JavaScript 文件是提升性能的一种常用方法。

【归纳总结】

本单元介绍了什么是 JavaScript、JavaScript 的组成、JavaScript 的发展历程及用途，同时阐述了 JavaScript 开发环境的搭建过程和方法。读者需重点掌握在 HTML 中引入 JavaScript 脚本的方法。归纳总结如图 1-19 所示。

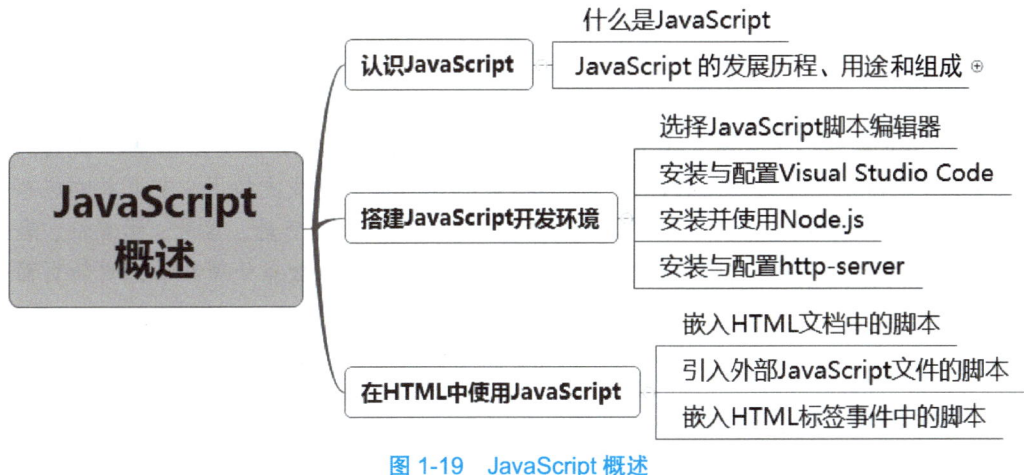

图 1-19　JavaScript 概述

单元 2　JavaScript 基础

学习目标

了解 JavaScript 词法符号，掌握 JavaScript 的数据类型、变量、常量、运算符、表达式及常用语句。能够使用 JavaScript 语句解决实际应用问题。具备精益求精的工匠精神和高尚的职业素养。

情境引例

JavaScript 是一门功能强大的 Web 开发脚本编程语言，用于开发交互式 Web 页面。它不需要编译，而是直接嵌入在 HTML 页面中，把静态页面转变成支持用户交互并响应事件的动态页面。JavaScript 的核心内容包括词法符号、数据类型、变量、常量、运算符、表达式及语句。利用这些核心内容可以实现数据描述、数值计算、数据处理和动态更新页面显示内容及效果。

2.1　JavaScript 词法符号

词法符号是程序设计语言的一套基本规则，是读者学习编程之前应该掌握的基本概念。

2.1.1　字符集

JavaScript 程序是使用 Unicode 字符集编写的。Unicode 是一种字符集标准，用于对来自世界上的不同语言、文字系统和符号进行编号和字符定义。通过给每个字符分配一个编号，程序员可以创建字符编码，让计算机在同一个文件或程序中存储、处理和传输任何语言组合。常见的 Unicode 实现方式有以字节为单位进行编码的 UTF-8、以 16 位无符号整数为单位进行编码的 UTF-16 和以 32 位无符号整数为单位进行编码的 UTF-32。由于 Unicode 兼容 ASCII 码（美国标准信息交换码），因此 JavaScript 可以任意地在程序中使用本地的字符、特殊的科学符号和 ASCII 码符号等。

2.1.2　字母大小写敏感性

JavaScript 是区分字母大小写的语言，也就是说，关键字、变量、函数名和所有的标识符的字母大小写都必须采取一致的形式。

2.1.3 空白符和换行符

JavaScript 会忽略程序中标识符之间的空格、制表符和换行符，除非它们是字符串或正则表达式字面量的一部分。

2.1.4 可选择的分号

在 JavaScript 中，分号代表一条语句的结束。因此，可以在一行代码中输入多条 JavaScript 语句。如果语句分别放置在不同的行中，就可以省略分号，但这并不是一种好的编程习惯，开发者应该习惯使用分号。一个单独的分号（;）也可以表示一条语句，这样的语句叫作空语句。

2.1.5 注释与文本换行符

注释用来解释程序代码的功能或阻止程序代码的执行（用于调试程序）。在 JavaScript 中，注释有单行注释和多行注释两种。

单行注释只能注释一行代码，以"//"开始，直到该行结束为止，可放在一行的开始或一行的末尾。多行注释可以注释一行或一段代码，以"/*"开始，以"*/"结束。

在 ECMAScript3 中，字符串字面量必须写在一行中。在 ECMAScript5 中，字符串字面量可以被拆分成数行，每行必须以反斜线（\）结束，反斜线和行结束符都不算是字符串字面量的内容。如果希望在字符串字面量的显示结果中另起一行，则可以使用转义字符（\n）。在 ECMAScript6 中，实现多行文本的方法是利用重音号（``）将字符串字面量括起来，在需要换行的地方直接按 Enter 键，此处的换行将同步出现在结果中。

2.1.6 标识符

标识符是用户在程序设计中给特定内容起的名字。在 JavaScript 程序设计中，需要由用户定义的标识符有变量、对象、符号常量、函数名等。

JavaScript 标识符的构成规则是第一个字符必须是英文字母、下画线（_）或美元符号（$），接下来的符号可以是英文字母、十进制数字、下画线（_）、美元符号（$）组成的一串字符。JavaScript 标识符不能用 JavaScript 保留字。

例如，a、ab、size、Max、xl、y25 及 fun_1 等都是合法的标识符。而 3xy、 work、lable:、Hi-4、list length 和 new 等都是非法的标识符。

在给一个特定量命名一个标识符时，为了便于记忆和阅读，最好使用该特定量的英文或汉语拼音作为标识符。下画线常用于连接两个英文单词或汉语拼音。例如，表示工资可用 wage、Wage 或 Gongzi；表示最高工资可用 maxWage、max_wage 或 MaxWage 等。

2.1.7 关键字与保留字

关键字与保留字是 JavaScript 中被预定义的、用英文小写字母组成的特定单词。每个关键字与保留字都被 JavaScript 赋予了一定的含义，具有相应的功能。在编程时不能将关键字与保留字用作标识符或属性名。ECMA-262 第 6 版规定的所有关键字如表 2-1 所示。

表 2-1　ECMA-262 第 6 版规定的所有关键字

break	case	catch	class	const
continue	debugger	default	delete	do
else	export	extends	finally	for
function	if	import	in	instanceof
new	return	super	switch	this
throw	try	typeof	var	void
while	with	yield	void	

JavaScript 还有一些为未来保留的关键字，这些关键字虽然现在还没有应用到 JavaScript 中，但是 ECMAScript 将其保留，以备将来扩展语言时使用，如表 2-2 所示。

表 2-2　ECMAScript 保留的关键字

enum	implements	interface	let	package
protected	private	public	static	await

此外，每个特定 JavaScript 嵌入的客户端或服务器端会有自己的全局变量，这些变量也不能用作标识符。ECMAScript 标准定义的全局变量和全局函数如表 2-3 所示。

表 2-3　ECMAScript 标准定义的全局变量和全局函数

arguments	encodeURI	Infinity	Object	String
Array	Error	isFinite	parseFloat	SyntaxError
Boolean	escape	isNaN	parseInt	TypeError
Date	eval	Math	RangeError	undefined
decodeURI	EvalError	NaN	ReferenceError	unescape
decodeURIComponent	Function	Number	RegExp	URIError

2.2　数据类型

数据是记录概念和事物的符号表示。开发者在编写程序代码时需要对存储在内存中的数据（值）进行处理。能够表示并被处理的数据（值）的类型简称为数据类型。

目前最新的 ECMAScript 标准定义了 8 种数据类型：Boolean、Undefined、Number、BigInt、String、Symbol、Null 和 Object。其中，Object 是引用数据类型，其他类型是原始数据类型，原始数据类型是编程语言内置的基础数据类型，都是不可变的值，可用于构造复合类型。

由于 ECMAScript 的数据类型是松散的，因此需要采用一种手段来确定任意操作数的数据类型。将 typeof 运算符放在某个操作数的前面，其运算结果就会返回表示这个操作数的数据类型的一个字符串。instanceof 运算符用于判断一个对象是否是一个类的实例，instanceof 运算符的左操作数是对象，右操作数是对象的类。

2.2.1　Boolean

Boolean（布尔）是 JavaScript 中常用的数据类型之一，用来描述事物的真与假、是与非，其构造函数是 Boolean()。该函数有两个值，分别是 true 和 false。

任何值都可以被转换成布尔值。
（1）false、0、空字符串" "、NaN、null 及 undefined 都会被当成或转换成 false。
（2）除上值外，其他的值都会被当成或转换成 true。
（3）当需要接收布尔值时，可以使用 Boolean()构造函数将值转换成布尔值。
【训练 2-1】使用 Boolean()构造函数将值转换成布尔值。代码清单为 code2-1.html。
在打开的 Google Chrome 浏览器中，按 F12（或 Ctrl+Shift+I）键就会显示网页开发者工具（Web Developer Tool），在 Console 选项卡中可以完成测试操作，也可以使用 console.log()函数显示括号内的数据或文本内容。（以下训练均可使用此方法。）

```
Boolean("")       //false
Boolean(123)      //true
typeof true       // "boolean"
```

2.2.2 Null

Null（空）类型只有一个专用值——null，即它的字面量，无构造函数。Null 表示一个空指针对象。null 是 JavaScript 的关键字，在一般情况下，如果声明的变量是为了以后保存某个值，则可以将其赋值为 null。
【训练 2-2】声明一个为以后保存某个值的变量。代码清单为 code2-2.html。

```
var returnObj=null
typeof null            //"object"
```

2.2.3 Undefined

Undefined 类型只有一个值，即 undefined，无构造函数。当声明的变量未初始化时，该变量的默认值是 undefined。当函数无明确返回值时，返回的是值 undefined。undefined 是 JavaScript 中的一个全局变量。
【训练 2-3】声明未初始化的变量。代码清单为 code2-3.html。

```
var x;
console.log(x); //undefined
console.log(typeof undefined); //"undefined"
console.log(null == undefined); //true
console.log(null === undefined); //false
```

由于值 undefined 实际上是从值 null 派生来的，因此 JavaScript 把它们定义为相等的。
尽管这两个值相等，但它们的含义不同。undefined 是声明了变量但未对其初始化时赋予该变量的值，null 则用于表示尚未存在的对象。如果函数或方法要返回的是对象，那么找不到该对象时，返回的通常是 null。如果使用全等运算符对两者进行比较，则会得到 false。
注意：null 不是 object（对象），但可以理解为是对象的占位符。

2.2.4 Number

Number 类型用来描述数字，既可以描述整数，也可以描述浮点数，其构造函数是 Number()。这种类型既可以表示 32 位的整数，也可以表示 64 位的浮点数。

直接输入的任何数字都被看作 Number 类型的字面量。对于非常大或非常小的数，可以使用科学记数法进行描述，使用字母 e 表示 10 的几次方。

【训练 2-4】查看以下各数值的返回结果。代码清单为 code2-4.html。

```
86              //十进制数 86
0o70            //八进制数 0o70 等于十进制数 56，首两位数字必须是 0o
0x1f            //十六进制数 0x1f 等于十进制数 31，首两位数字必须是 0x
5.0             //浮点数必须包括小数点
5.618e7         //对于非常大或非常小的数用科学记数法表示
```

尽管所有整数都可以表示为八进制或十六进制的字面量，但所有数学运算返回的都是十进制数。ECMAScript 默认把具有 6 个或 6 个以上前导 0 的浮点数用科学记数法表示，也可用 64 位 IEEE 754 形式存储浮点数。

2.2.5　BigInt

BigInt 是 JavaScript 中的一个原始数据类型，可以用任意精度表示整数。使用 BigInt 可以安全地存储和操作大整数，甚至可以超过数字的安全整数限制。BigInt 是通过在整数末尾附加 n 或调用构造函数 BigInt()来创建的（不支持 new BigInt()）。

通常使用常量 Number.MAX_SAFE_INTEGER 来获得用数字递增的最安全的值。通过引入 BigInt 可以操作超过 Number.MAX_SAFE_INTEGER 的数字。

【训练 2-5】操作超过 Number.MAX_SAFE_INTEGER 的数字。代码清单为 code2-5.html。

```
let x = 2n ** 53n;
console.log(x);           //9007199254740992n
console.log(x + 1n);      //9007199254740993n
console.log(BigInt("123456789012345678901234567890123456789="));
console.log(BigInt(126n));        //126n
console.log(typeof 53n);          //"bigint"
console.log(typeof BigInt);       //"function"
```

BigInt 不能与数字进行互换操作，否则将抛出 TypeError。

【训练 2-6】将 Number 与 BigInt 类型进行转换。代码清单为 code2-6.html。

```
var bigint = 1n;
var number = 2;
// 将 number 转换为 bigint
console.log(bigint + BigInt(number)); // 3
// 将 bigint 转换为 number
console.log(Number(bigint) + number); // 3
console.log(Object(BigInt(127))); //创建 BigInt 包装对象 BigInt{127n}
```

如果 bigint 太大导致数据类型无法容纳，则会截断多余的位，因此开发者应该谨慎进行此类转换。

2.2.6　String

String 的独特之处在于，它是唯一没有固定大小的原始数据类型，可以用 Unicode 字符组成的字符序列表示，其构造函数为 String()。字符串可以使用单引号（''）、双引号（""）或重音号（``）表示。

字符串中的每个字符都有特定的位置，首字符从位置 0 开始，第二个字符在位置 1，依次类推。这意味着字符串中的最后一个字符的位置一定是字符串的长度减 1。

由于 JavaScript 没有字符类型，因此可使用字符串字面量来表示单个字符。通过转义字符可以在字符串中添加不可显示的特殊字符，或者防止引号匹配混乱的问题。常用的转义字符如表 2-4 所示。

表 2-4 常用的转义字符

字符	含义	Unicode
\b	退格符	\u0008
\t	水平制表符	\u0009
\n	换行符	\u000A
\v	垂直制表符	\u000B
\f	换页符	\u000C
\r	回车符	\u000D
\"	双引号	\u0022
\'	单引号	\u0027
\\	反斜杠	\u005C
\xnn	十六进制代码	用 nn 表示的字符（n 是 0 到 F 中的一个十六进制数）
\unnnn	Unicode 代码	用 nnnn 表示的 Unicode 字符（n 是 0 到 F 中的一个十六进制数）

【训练 2-7】使用转义字符添加不可显示的特殊字符。代码清单为 code2-7.html。

```
var zipcode = 130000;
//返回结果是：My city's zip code is 130000.
console.log(`My city\'s zip code is ${zipcode}.`);
```

说明：使用重音号（``）定义的字符串称为模板字符串，可参考 2.4.2 节中的 "2. 字符串字面量"。

2.2.7 Symbol

Symbol 是 ECMAScript 2015 引入的原始数据类型。Symbol 的一个重要特征是每一个 Symbol 值都是唯一的且不可改变的。Symbol 值主要被用作对象属性的标识符，有助于解决属性命名冲突问题。

JavaScript 提供了一个全局的 Symbol() 函数用来创建独一无二的 Symbol 类型的值（非字符串），可以接收一个字符串作为参数，为新创建的 Symbol 类型的值提供描述，可以显示在控制台或者作为字符串的时候使用，以便区分。

每次调用 Symbol() 函数都会生成一个完全不同的 Symbol 值，使用 typeof 运算符返回 symbol。语法格式：

```
Symbol([description])
```

description 是可选的字符串类型，是对 Symbol 类型的值的描述，可用于调试但不可用于访问 Symbol 本身。

【训练 2-8】创建 Symbol 实例。代码清单为 code2-8.html。

```
var sym = Symbol();
console.log(typeof sym); //symbol
const obj = {
    [sym]: 'some value'
};
// 相同参数，Symbol()函数返回的值不相等
var sy1 = Symbol("kk");
var sy2 = Symbol("kk");
console.log(sy2 === sy1); // false
```

说明：Symbol()函数不能与 new 关键字一起作为构造函数使用，目的是避免创建符号包装对象。

2.2.8 Object

JavaScript 中最复杂的类型就是 Object 对象类型，它是一系列对象属性的无序集合，其构造函数是 Object()。每个对象属性都是一个名/值对，对象属性名使用键值来标识，键值只能为字符串或 Symbol 值，对象属性值可以是任意数据类型，即可以为 Undefined、Null、Boolean、String、Number、Symbol 和 Object 类型的值。当对象属性为函数时，通常被称为方法。存取器属性是由一个或两个存取器方法组成的，存取器方法分为 get 方法和 set 方法两种，分别用于获取和设置属性值。JavaScript 对象除自有的属性外，还可以从一个称为原型（prototype）的对象中继承属性，这种"原型式继承"是 JavaScript 的核心特征。

开发者可以通过 JavaScript 构造函数、对象字面量和内置的构造函数来创建对象，并为对象添加属性和方法。

【训练 2-9】使用不同的方法创建对象实例。代码清单为 code2-9.html。

```
//通过 Object()构造函数创建对象实例
let o = new Object();//或写为 let o = new Object;
//通过对象字面量创建对象实例
var stu = {
    id: "0001",
    name: "peter",
    age: 20
};
//使用内置的 String()构造函数创建一个字符串对象
const hi = new String("hi");
console.log(hi);
```

ECMAScript 中的 Object 对象是派生其他对象的基类。Object 类型的所有属性和方法在派生的对象上同样存在。Object 类型中包括的标准的内置对象有 Array、Boolean、Date、Error、Function、JSON、Math、Number、Object、RegExp、String、Map、Set、WeakMap、WeakSet、Error 等。Function 是实现了私有属性[[call]]的 Object。JavaScript 的宿主也可以提供一些特别的对象。

检测原始数据类型的方法是使用 typeof(),检测引用数据类型的方法一般是使用 Object.prototype.toString.call(obj)或 Object.prototype.toString.apply(obj)。

【训练 2-10】检测对象的数据类型。代码清单为 code2-10.html。

```
var m = 56,
    k1 = "abc";
console.log(typeof m);  //number
console.log(Object.prototype.toString.apply(k1));   //[object String]
```

说明：网页基本结构已省略。

2.3 变量

程序设计中一个重要的内容就是在计算机内存中存储和操作数值。变量就是程序中一个已命名的存储单元。

2.3.1 什么是变量

在程序运行期间，程序可以向系统申请分配若干内存单元来存储各种类型的数据。系统分配的内存单元要使用一个标识符来标识，并且其中的数据是可以被更改的，所以称为变量。定义一个变量，系统就会为其分配一块内存，程序可以用变量名来表示这块内存中的数据，ECMAScript 的变量是松散类型的，可以保存任何类型的数据，因而在声明一个变量时不必确定类型，在使用或赋值时系统自动确定其数据类型。

可以使用 var 或 let 关键字来定义变量，var 和 let 最大的区别在于变量的作用域。

2.3.2 使用 var 定义变量

定义变量，又称声明变量、创建变量。使用 var（Variable 的缩写）定义变量的格式是 var 后接变量名。

1. 定义变量

使用 var 定义变量，可以为变量赋予一个初始值，若变量未被初始化，则其默认值为 undefined。var 和变量名之间至少有一个空格，变量名要符合标识符命名规范。可以使用 var 一次性定义多个变量，但变量之间必须使用逗号作为分隔符。语法格式：

```
var 变量名;
var 变量1,变量2,...;
```

虽然定义变量是一个好习惯，但在 JavaScript 中定义变量的操作不是必需的。JavaScript 的解释程序在遇到未声明过的标识符时，将用该变量名来创建一个全局变量，并将其初始化为指定的值。

2. 使用 var 定义变量的提升

使用 var 定义的变量具有提升的特性，这是因为一段程序在开始执行之前会先建立一个执行环境，这时变量、函数等对象会被创建，直到运行时才会被赋值。这就是使用变量的程序即使放在变量定义之前，程序仍然可以正常运行的原因。由于在创建阶段变量尚未被赋值，因此其会自动以 undefined 初始化。

【训练 2-11】设置变量提升，可以先使用变量后再定义变量。代码清单为 code2-11.html。

```
console.log(x);
var x;
```

编程提示：著名的变量命名规则如下。

Camel 标记法：首字母是小写的，接下来的单词都以大写字母开头。例如，var myTestValue = 0,mySecondValue = "hi"。

Pascal 标记法：首字母是大写的，接下来的单词都以大写字母开头。例如，var MyTestValue = 0,MySecondValue = "hi"。

匈牙利类型标记法：在以 Pascal 标记法命名的变量前附加一个小写字母（或小写字母序列），以说明该变量的类型。例如，i 表示整数，s 表示字符串，var iMyTestValue = 0,sMySecondValue = "hi"。

2.3.3 使用 let 定义变量

使用 let 定义的变量仅限于在其定义的作用域内使用。

1. 定义变量

使用 let 定义变量的格式是 let 后接变量名。在定义变量时，可以为变量赋予一个初始值。若变量未被初始化，则其默认值为 undefined。语法格式：

```
let 变量名;
let 变量1,变量2,…;
```

2. 使用 let 定义变量不存在变量提升

使用 var 定义的变量存在变量提升的情况，变量提升会使变量在定义之前可以被访问，而使用 let 定义的变量不存在变量提升的情况，所以如果在定义之前访问变量，就会抛出异常。

3. 具有"暂时性死区"特性

在同一区块内不可以重复定义同名变量，而且变量在尚未被初始化时不会以 undefined 作为初始值。因此从变量定义到初始化之前，变量将无法被操作，这一段时间称为"暂时性死区"。如果在变量尚未被初始化时试图操作它，就会抛出异常。

【训练 2-12】未定义先使用变量。代码清单为 code2-12.html。

```
console.log(x);          // Uncaught ReferenceError: x is not defined
let x;
```

4. 不再是全局对象的属性

使用 var 定义的变量是 window 对象的属性，而使用 let 定义的变量不再是 window 对象的属性。

2.3.4 变量的赋值

变量的作用是存储数据，因此，在定义变量之后往往要为变量赋值。使用赋值运算符（=）可以将字符串、数字、布尔值、数组、对象等值赋给变量。语法格式：

> 变量名 = 值;

在 JavaScript 中，允许为未定义的变量赋值。除可以使用字面量为变量赋值外，还可以使用表达式为变量赋值。

【训练 2-13】利用第三个变量，完成前两个变量值的互换。代码清单为 code2-13.html。

```
let a = 3,
    b = 5;
let c;
c=3;
a=b;
b=c;
console.log(a,b);
```

2.3.5 变量的作用域

一个变量的定义与调用都是在一个固定的范围中进行的，这个范围称为作用域。根据作用范围的不同，作用域被分为不同类型。如果变量被定义在全局环境中，那么在任何位置都可以访问到这个变量，称为全局作用域；如果变量被定义在函数内部，那么只能在函数内部访问到这个变量，称为函数作用域；如果变量被定义在一个语句块中，那么只能在语句块中访问到这个变量，称为块级作用域。

1. 使用 var 定义的变量的作用域

使用 var 定义的变量只在全局作用域和函数作用域内有效，在块级作用域内无效。

【训练 2-14】使用 var 定义的变量的作用域。代码清单为 code2-14.html。

```
var x = 2;
function cal() {
   var x = 5,
       y = 1;
   console.log(x + y);
}
cal();              //6
console.log(x);     //2
```

2. 使用 let 定义的变量的作用域

在块级作用域或函数作用域中使用 let 定义变量时，该变量只在作用域内有效。块级作用域指的就是块语句所创建的作用域。在语法上，块语句使用一对大括号（{}）表示。

使用 let 定义的变量在区块内属于局部变量，区块外属于全局变量，弥补了使用 var 定义的变量的作用域只有函数的局限。所以，推荐使用 let 定义变量。

【训练 2-15】使用 let 定义块级作用域变量。代码清单为 code2-15.html。

```
if(true){
    let age=21;
    console.log(age)    //21
}
console.log(age)    //Uncaught ReferenceError: age is not defined
```

2.4 常量

JavaScript 中的常量是指在程序运行的整个过程中其值始终不改变的量，主要用于为程序提供固定和精确的值。按照常量表示方法的不同，常量被分为符号常量（又称标识符常量）和字面常量（简称字面量，又称直接量）两种类型。

2.4.1 符号常量

符号常量是指事先给程序中出现的有含义的值命名的结构。通过使用常量，值的含义更加明确，增加了代码的可读性。

1. 定义符号常量

符号常量需要使用 const 关键字来定义，并且在定义时必须设置一个初始值。语法格式：

```
const 常量名=初始值；
```

常量的命名规则基本遵循标识符的命名规则，但是为了更容易识别，常量通常全部使用大写字母并且用下画线来分隔单词，如 USER_NAME。

使用 const 关键字定义的常量在初始化之后不允许被修改（不允许重新赋值），从严格意义上来说，是保存的符号常量值的内存地址不能被修改。对于原始数据类型的符号常量来说，符号常量保存了内存地址的值，不能直接被修改；而对于引用数据类型的符号常量来说，符号常量保存的是一个指向数据内存地址的指针，当该指针固定不变时，也可以改变数据本身的值。引用数据类型的符号常量的命名，可以参照变量的命名规则。

【训练 2-16】使用 const 关键字定义符号常量。代码清单为 code2-16.html。

```
//原始数据类型
const PRICE=100;
console.log(PRICE*0.8);
//引用数据类型
const data = [1, 2];
data[0] = 3;
data[2] = 4
console.log(data) // [3,2,4]
data = null;          // Uncaught TypeError: Assignment to constant variable
```

2. 在块级作用域内不能重复定义同一个常量

【训练 2-17】检测常量在块级作用域内的有效性。代码清单为 code2-17.html。

```
if(true) {
```

```
const MAX = 123;
}
console.log(MAX);    // Uncaught ReferenceError: MAX is not defined
```

3. 产生"暂时性死区"

使用 const 关键字定义的常量只能在 const 定义之后使用，在定义之前使用会产生"暂时性死区"。

【训练 2-18】检测常量是否产生"暂时性死区"。代码清单为 code2-18.html。

```
if(true) {
    console.log(MAX)
    const MAX = 123;
}
// Uncaught ReferenceError: Cannot access 'MAX' before initialization
```

说明：在浏览器环境下，使用 const 关键字定义的常量不再是全局对象的属性。

2.4.2 字面量

字面量是指在程序运行的整个过程中其值始终不改变并且字面本身就是其值的常量，即程序中直接显示出来的数据值，如 25、−4.35、'c'、"constant"、null、true、false 等。

1. 数字字面量

数字字面量可以进一步划分为整数字面量和浮点数字面量。

（1）整数字面量。

整数字面量可以使用十进制数（数的范围是 $-2^{53} \sim 2^{53}$）、十六进制数、八进制数和二进制数来表示。十六进制数需要添加前缀 0x 或 0X，八进制数需要添加前缀 0o 或 0O，二进制数需要添加前缀 0b 或 0B。

（2）浮点数字面量。

浮点数字面量不仅可以表示通常的浮点数，也可以表示指数。以 10 为底的指数，用 e 或 E 表示"10 的幂"，例如，3.14e5 表示的是 3.14×10^5。

（3）bigint 字面量。

bigint 字面量是 BigInt 数据类型的子类型，因此可以进行赋值操作。

（4）数字字面量的特殊值。

数字字面量的常用特殊值主要有 Number.MIN_VALUE（最小值）、Number.MAX_VALUE（最大值）、Number.MIN_SAFE_INTEGER（安全的最小整数）、Number.MAX_SAFE_INTEGER（安全的最大整数）、Infinity（正无穷大）、−Infinity（负无穷大）。

2. 字符串字面量

字符串字面量就是直接通过单引号（' '）、双引号（""）或重音号（` `）的方式定义的字符串。

（1）通过单引号和双引号定义的字符串。

单引号和双引号声明是等价的，都可以用来定义字符串，只不过使用单引号开头的字符串就要使用单引号结尾，双引号也是同样的道理，例如，"Hello JavaScript"或者'Hello

JavaScript'。中间如果遇到同类引号可以使用转义字符来处理。

（2）模板字符串。

模板字符串是指使用重音号（``）来定义的字符串，可以方便地实现动态字符串的拼接和创建多行字符串等。模板字符串会保留重音号中的格式，不仅使用简单，代码也简洁、易读。

【训练 2-19】创建模板字符串字面量。代码清单为 code2-19.html。

```
const template = `
<table border=1>
  <tr>
    <th>序号</th>
    <th>姓名</th>
    <th>联系方式</th>
  </tr>
  <tr>
    <td>1</td>
    <td>艾米</td>
    <td>0431-188****8795</td>
  </tr>
</table>`;
document.write(template);
```

模板字符串字面量可以使用字符串占位符，字符串占位符使用 "${}" 表示，在大括号中可以插入任意的 JavaScript 表达式。当程序执行到模板字符串字面量表达式时，则会计算表达式并返回结果。

【训练 2-20】使用字符串占位符实现解析变量的效果。代码清单为 code2-20.html。

```
var name="Frank";
var hi=`Hello, ${name}`
console.log(hi);
```

3. 布尔字面量

布尔字面量有两个，分别记作 true 和 false。

4. 空字面量

空字面量表示没有相应的值，用来表示空的状态。空字面量只有一个，记作 null。

5. 未定义值字面量

未定义值字面量（undefined）用来表示某个变量的值没有被定义。一般应用于某个变量已被定义但没有被赋值、访问未定义的属性、函数中没有返回值等情况。

6. 函数字面量

函数字面量是指在代码中可以直接作为值使用的匿名函数，但语法允许为其指定任意一个函数名，可以用于在函数内部代指函数本身。语法格式：

```
function(参数1,参数2,…) {函数体}
```

【训练 2-21】函数字面量作为对象方法的值。代码清单为 code2-21.html。

```javascript
var person = {
    name: "tom",
    age: "23",
    tell: function() {
        alert(this.name);
    }
}
console.log(person)
```

7. 数组字面量

数组字面量是常用的创建数组的方法。数组字面量使用一对方括号（[ ]）作为界定符，方括号里包含多个数组元素，数组元素之间使用逗号分隔，数组元素可以是任何类型的数据。语法格式：

```
[元素 1,元素 2,元素 3,…]
```

【训练 2-22】定义数组字面量。代码清单为 code2-22.html。

```javascript
const team = ["tom", "john", "smith", "kobe"];
console.log(team[2]);
```

8. 对象字面量

对象字面量也叫对象初始化器，是常用的创建对象的方法，使用一对大括号（{}）作为界定符，大括号中可以有多个属性和方法，它们之间使用逗号作为分隔符，而属性名和属性值、方法名和方法值之间使用冒号作为分隔符。

对象字面量的数据属性由属性名和属性值组成。语法格式：

```javascript
let obj = {
    PropertyName:propertyValue,
}
```

【训练 2-23】定义对象字面量。代码清单为 code2-23.html。

```javascript
let person = {
    name:"Matt",
    sayName:function() {
        console.log(`My name is ${this.name}.`)
    }
};
person.sayName();
```

说明：当属性名与变量名相同时，只需要写属性名，不用再写冒号和值，其会自动被解释为同名的属性键；如果没有找到同名变量，则会抛出 ReferenceError。在为对象定义方法时，通常要写一个方法名和冒号，然后引用一个匿名函数表达式（函数字面量），若采用简写方法则会被认定为放弃为函数表达式命名。

9. 正则表达式字面量

正则表达式是由普通字符及特殊字符（也称元字符）组成的文本模式，能明确描述文本字符和文本匹配模式，是一门简单语言的语法规范。

正则表达式字面量使用一对斜线（/ /）作为界定符，正则表达式要整体放入这对斜线中。语法格式：

```
var re = /pattern/flags;
```

说明：flags 标志是决定正则表达式的动作参数，是一个可选的修饰性标志，包含 g（全局）、i（忽略字母大小写）、m（多行字符串匹配）等。

【训练 2-24】利用正则表达式进行字符串比对。代码清单为 code2-24.html。

```
var reg=/you/;
var target="just do you best you can";
console.log(target.search(reg));      //8（返回查找结果所在位置）
```

说明：详细的正则表达式内容可参见本书 5.8 节。

2.5 运算符和表达式

JavaScript 中定义了丰富的运算功能，具体包括算术运算、字符串运算、比较运算、逻辑运算、赋值运算和特殊运算等。

参与数据运算的符号叫作运算符，又称操作符，参与运算的数据称为操作数，操作数可以是变量、常量、数组、对象、函数等数据。

按照运算符要求操作数的多少，可将运算符分为单目（或一元）运算符、双目（或二元）运算符和三目（或三元）运算符三类。单目运算符一般位于操作数之前，例如，取 x 的负值是-x。双目运算符一般位于两个操作数之间，例如，计算两数 a 与 b 之和是 a+b。三目运算符仅有一种，即条件运算符（?:），它使用两个字符将三个操作数分开。

每种运算符都有一定的优先级，用来决定它在表达式中的运算顺序。优先级从最高 21 级到最低 0 级，当一个表达式中包含多个运算符时，首先执行优先级高的运算符；当多个同一优先级的运算符参与运算时，运算顺序由运算符的关联性确定。

2.5.1 算术运算符

算术运算符以一个或两个数值（字面量或变量）作为操作数，并返回单个数值。算术运算符如表 2-5 所示。

表 2-5 算术运算符

运算符	描述	示例	关联性
...++	后置递增（运算符在后）	i++	不相关
...--	后置递减（运算符在后）	i--	
+...	一元加法	1+3	
-...	一元减法	8-5	
++...	前置递增	++i	
--...	前置递减	--i	
...**...	幂	2**3	从右到左
*	乘法	3*4	从左到右
/	除法	3/2	
%	取模	7%5	

2.5.2 赋值运算符

赋值运算符会将右侧操作数的值分配给左侧操作数，并将其值修改为与右侧操作数相等的值。赋值运算符如表 2-6 所示。

表 2-6 赋值运算符

运算符	描述	示例	关联性
…=…	赋值	a=3	从右到左
…+=…		a+=2	
…-=…		a-=3	
…**=…		a**=2	
…*=…		a*=3	
…/=…		a/=2	
…%=…		a%=2	
…&&=…		a&&=9	
…||=…		a||=2	
…??=…		a??=25	

2.5.3 关系运算符

关系运算符也叫比较运算符，用于比较两个操作数并返回基于比较结果的布尔值。关系运算符如表 2-7 所示。

表 2-7 关系运算符

运算符	描述	示例	关联性
in	判断对象是否拥有给定的属性	67 in count	从左到右
instanceof	判断一个对象是否是另一个对象的实例	auto instanceof Object	
<	小于	5<6	
<=	小于或等于	5<=6	
>	大于	5>6	
>=	大于或等于	5>=6	
==	等号	5==4	
!=	非等号	5!=4	
===	全等号	5===5	
!==	非全等号	5!=='5'	
…?…:…	条件运算符	5>6?"a":"b"	从右到左

2.5.4 逻辑运算符

逻辑运算符典型的用法是进行布尔值运算并返回布尔值。逻辑运算符如表 2-8 所示。

表 2-8 逻辑运算符

运算符	描述	示例	关联性
!…	逻辑非	!(a>0)	从右到左
&&	逻辑与	a>0&&b>0	从左到右
||	逻辑或	a>0||b>0	从左到右
??	空值合并	0??42	从左到右

2.5.5 相加运算符

相加运算符（+）用于对两个操作数进行相加运算，如果操作数为字符串，则该运算符将两个操作数连接成一个字符串。例如，'hello ' + 'everyone'的计算结果为"hello everyone"。

2.5.6 其他运算符

其他运算符一般不直接产生运算效果，而用于影响运算效果，其操作对象通常是"表达式"，而不是"表达式的值"。JavaScript 有一种特殊性：许多语句/语法分隔符也是运算符。例如，圆括号（()）既是语法分隔符也是运算符。其他运算符如表 2-9 所示。

表 2-9 其他运算符

运算符	描述	关联性
(…)	圆括号	不相关
….…	成员访问	从左到右
…[…]	需计算的成员访问	从左到右
new … (…)	new (带参数列表)	不相关
(…)	函数调用	从左到右
?.	可选链	从左到右
new…	new (无参数列表)	从右到左
typeof…	返回未经计算的操作数的类型	不相关
void…	返回 undefined	不相关
delete…	删除对象的某个属性	不相关
await…	等待一个 Promise 对象的处理结果	不相关
yield…	暂停或恢复一个生成器函数	从右到左
yield*…	委托给另一个生成器或可迭代对象	从右到左
… …	展开运算符	不相关
,	逗号	从左到右

说明：由于本书未涉及位运算符，因此不对其做介绍。

2.5.7 运算符优先级

当程序执行时,拥有较高优先级的运算符会在拥有较低优先级的运算符之前执行。例如,乘法会比加法先执行。JavaScript 运算符的优先级如表 2-10 所示。

表 2-10　JavaScript 运算符的优先级

运算符	优先级	描述
(…)	21	圆括号
…．…、…[…]、new …(…)、(…)、?.	20	成员访问、需计算的成员访问、new (带参数列表)、函数调用、可选链
new…	19	new (无参数列表)
…++、…--、+…、-…、++…、--…、typeof…、void…、delete…、await…	18	后置递增(运算符在后)、后置递减(运算符在后)、一元加法、一元减法、前置递增、前置递减、返回未经计算的操作数的类型、返回 undefined、删除对象的某个属性、等待一个 Promise 对象的处理结果
!…	17	逻辑非
…**…	16	幂
*、/、%	15	乘法、除法、取模
+	14	加法(字符串相加运算)
in、instanceof、<、<=、>、>=	12	判断对象是否拥有给定的属性、判断一个对象是否是另一个对象的实例、小于、小于或等于、大于、大于或等于
==、!=、===、!==	11	等号、非等号、全等号、非全等号
&&	7	逻辑与
||	6	逻辑或
??	5	空值合并
…?…:…	4	条件运算符
…=…、…+=…、…-=…、…**=…、…*=…、…/=…、…%=…、…&&=…、…||=…、…??=…	3	赋值
yield…、yield*…	2	yield 关键字用来暂停和恢复一个生成器函数,yield*表达式用于委托给另一个生成器或可迭代对象
… …	1	展开运算符
,	0	逗号

2.5.8　JavaScript 表达式

在 JavaScript 中,任何能产生值的运算都是表达式。按照是否有运算符参与运算,表达式被分为非运算符表达式和运算符表达式。按照执行运算的类型不同,表达式被分为算术表达式、字符串表达式、关系表达式、逻辑(布尔)表达式、条件表达式、赋值表达式等。

1. 算术表达式

算术表达式是由操作数和算术运算符或圆括号连接而成的式子。JavaScript 会按照运算符的优先级将表达式解析成值,这些优先级与数学中的一样,括号具有最高优先级(21),如果不能确定运算顺序,则可以通过添加括号来保证表达式按照需要的顺序执行。

2. 字符串表达式

在 JavaScript 中,"+"运算符既可以用于对数值进行加法运算,也可以用于连接字符串。JavaScript 会根据运算对象的类型来决定执行加法运算还是字符串连接,执行顺序都是从左到右。

3. 关系表达式

关系表达式是由操作数和关系运算符组成的式子,主要用于比较两个值的关系,返回布尔值。

4. 逻辑(布尔)表达式

在 JavaScript 中,逻辑表达式可以操作非布尔值,甚至可以返回非布尔值,但如果只操作布尔值,那么返回的结果也一定是布尔值。

在 JavaScript 中,代表假值的可以是 undefined、null、false、0、NaN、"(空字符串),除此之外,其他值都为真。常用的真值有对象、数组、包含空格的字符串、字符串"false"等。逻辑运算行为和结果常用真值表来描述。

5. 条件表达式

条件表达式是由三个操作数和一个条件运算符(?:)构成的式子,它可以与其他表达式组合使用。

6. 赋值表达式

在 JavaScript 中,赋值是一个运算而不是一条语句,赋值的作用是修改存储单元中的值。在赋值表达式中,运算符的左右两侧都是操作数,且左侧必须是变量、对象、数组等能够持有值的容器。赋值表达式的返回值就是被赋值的那个值,这个过程又被称为链式赋值。

(1)普通赋值运算。

赋值运算符的优先级低于关系运算符,有时需要使用分组运算符来完成赋值运算任务。

【训练 2-25】使用分组运算符来完成赋值运算任务。代码清单为 code2-25.html。

```
console.log(1 + (2 * 3));  // 1 + 6
console.log((1 + 2) * 3);  // 3 * 3
```

(2)对象解构赋值。

解构赋值可以将一个对象或者数组分解成多个单独的值。

【训练 2-26】对象解构赋值。代码清单为 code2-26.html。

```
//普通对象
const obj = { b: 2, c: 3, d: 4};
//对象解构赋值
const { a, b, c } = obj;
console.log(a); //undefined,表示 obj 中不存在属性
console.log(b); //2
console.log(c); //3
console.log(d); //Uncaught ReferenceError: d is not defined
```

在解构一个对象时,变量名必须与对象中的属性名保持一致。对象解构也可以在一条赋值语句中完成,但是这条语句必须被圆括号括起来,即({b,c,d} = obj)。

（3）数组解构赋值。

在解构数组时，可以任意为数组的元素指定变量名（按顺序）。

【训练 2-27】数组解构赋值。代码清单为 code2-27.html。

```
//一个普通数组
const arr = [1, 2, 3];
//数组解构赋值
let [x, y] = arr;
console.log(x);          //1
console.log(y);          //2
```

说明：在解构数组时也可以把剩下的元素放入一个新的数组中，展开运算符（... ...）可以完成这个任务。

【训练 2-28】使用展开运算符完成数组解构。代码清单为 code2-28.html。

```
const arr=[1,2,3,4,5,];
let [x,y,...rest]=arr;
console.log(x);          //1
console.log(y);          //2
console.log(rest);       //[3,4,5]
```

【训练 2-29】利用数组解构交换变量的值。代码清单为 code2-29.html。

```
let a = 5,
    b = 10;
[a, b] = [b, a];
console.log(a, b);
```

说明：数组解构不仅适用于数组，还适用于任何可迭代的对象。

2.5.9　数据类型转换

在对表达式进行运算时，运算符要求参与运算的操作数是相同的数据类型，如果操作数是不同的数据类型，则需要进行数据类型转换。JavaScript 提供了内部自动数据类型转换和强制数据类型转换两种方式。

1. 内部自动数据类型转换

JavaScript 会根据需要自行转换数据类型，原始值之间可以互相转换，原始值与引用对象之间也可以互相转换，总之，任意 JavaScript 的值都可以互相转换。

2. 强制数据类型转换

尽管 JavaScript 可以自动进行数据类型转换，但有时开发者仍需要进行强制数据类型转换。例如，为使代码变得清晰、易懂而进行强制数据类型转换。

（1）使用构造函数来完成数据类型转换。

常用于转换数据类型的构造函数有 String()、Number()、Boolean()和 Object()。例如，Number("3")、String(false)、Boolean([])，分别表示转换为 3、false、true，而 Object(3)相当于 new Number(3)。

(2)使用全局函数进行数据类型转换。

常用于转换数据类型的全局函数有 parseInt()和 parseFloat(),其分别可以将字符串转换成整数和浮点数。例如,parseInt("-12.35")、parseFloat("3.14 meters")分别表示转换为-12 和 3.14。

(3)将对象转换为原始值。

对象到布尔值的转换是所有对象都被转换为 true。对象到字符串的转换是通过调用待转换对象的 toString()方法来完成的。对象到数字的转换是通过调用待转换对象的 valueOf()方法来完成的。如果无法从 toString()或 valueOf()方法中获得一个原始值,那么程序将抛出一个类型错误异常。Date 对象则使用对象到字符串的转换模式。

2.6　语句

语句是计算机程序中的基本功能单元,是指为完成一个任务而进行的某种处理动作。JavaScript 语句是由关键字和语法构成并由浏览器执行的命令序列。JavaScript 语句按照类别可以分为表达式语句、控制语句、复合语句、异常处理语句和其他语句,如图 2-1 所示。

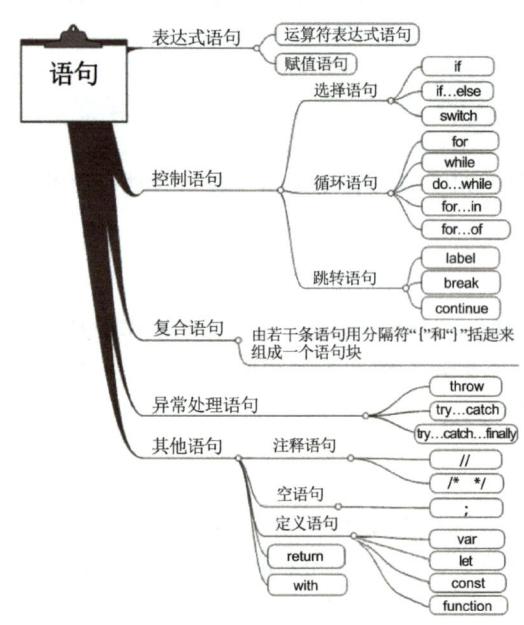

图 2-1　JavaScript 语句分类

在 JavaScript 中,语句的使用格式如下:

<语句>;   //分号(;)是语句结束的标识符

2.6.1　if 语句

if 语句是简单单向条件的选择语句,当指定逻辑表达式为 true 时执行该语句。语法格式:

```
if(条件表达式) {
    语句块;
}
```

if 语句执行流程图如图 2-2 所示。

2.6.2 if...else 语句

if...else 语句是双向条件的选择语句，当指定条件为 true 时执行一组语句，当指定条件为 false 时执行另一组语句。语法格式：

```
if(条件表达式) {
    语句块 1;
}else{
    语句块 2;
}
```

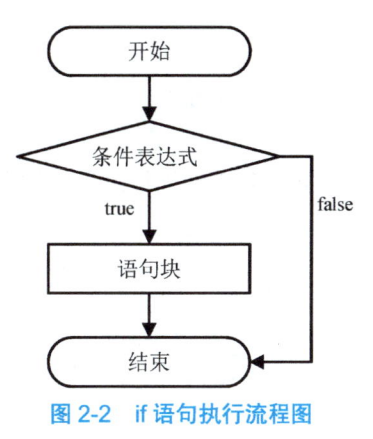

if...else 语句执行流程图如图 2-3 所示。

if...else 语句可以进行任意层的嵌套，如果条件语句后面是单条语句，则不需要使用大括号。

【训练 2-30】根据上下午时段的不同，在网页中显示不同的问候语。代码清单为 code2-30.html。

```
var hrs = new Date().getHours();
if (hrs > 8 && hrs <= 12) {
    document.write("上午好!");
} else {
    document.write("下午好!");
}
```

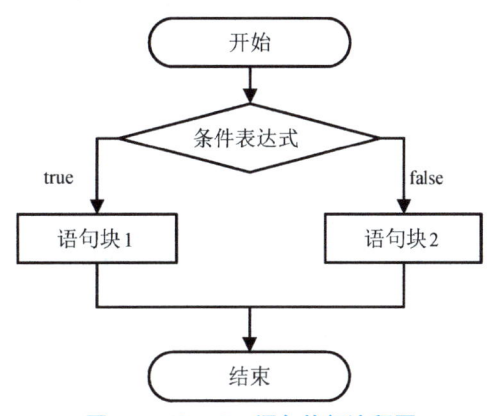

图 2-2 if 语句执行流程图

图 2-3 if...else 语句执行流程图

2.6.3 switch 语句

switch 语句是多项条件的选择语句，用于根据一个特定表达式的值执行一系列特定的语句。switch 语句将表达式的值和 switch 结构中的一个特殊标签进行比较，如果表达式的值和某个标签的值相等，那么执行该标签相对应的语句，直到遇到 break 语句或 switch 语句则结束；如果没有表达式的值和某个标签的值相等，则跳转到 default；如果没有 default，则跳转到最后一步。语法格式：

```
switch(表达式){
    case label1:
        语句块;
        break;
    case label2:
        语句块;
```

```
            break;
        …
        default:
            语句块;
}
```

switch 语句执行流程图如图 2-4 所示。

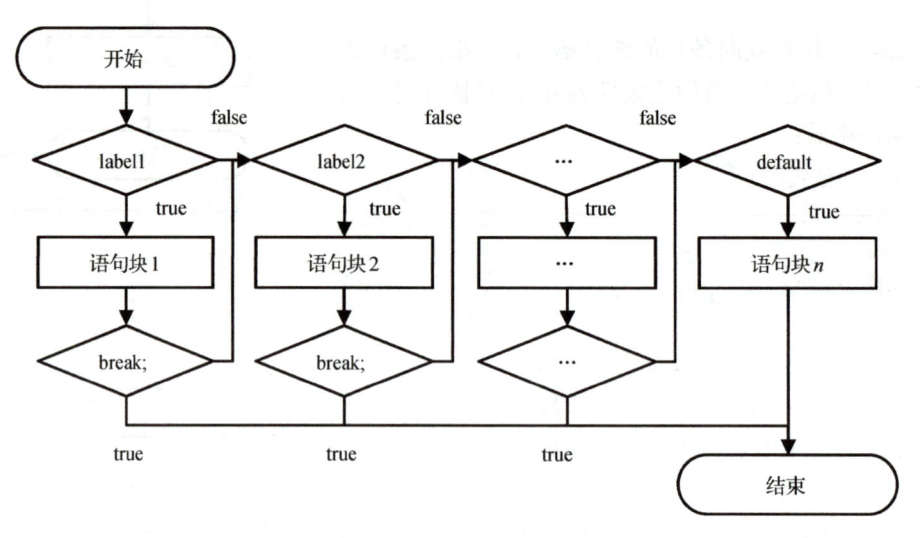

图 2-4 switch 语句执行流程图

【案例 2-1】在网页中显示不同时段的问候语

根据当前时间区间，在网页中显示不同的问候语，即"早上好""上午好""中午好""下午好""晚上好"。

【案例分析】

在网页中，根据不同时间区间，显示不同问候语是网页设计中的一种常见效果。根据本案例的描述，可以选择使用 if…else 语句或 switch 语句来实现其效果。switch 语句将表达式的值与每一个 case 中的目标值进行匹配，如果找到匹配的值，则执行 case 后面的语句，如果没有找到匹配的值，则执行 default 后的语句。最后将结果输出到网页中。

【解决方案】

（1）编写 HTML 结构。代码清单为 hello.html。

```
<!DOCTYPE html>
<html>
    <head>
        <meta charset="utf-8">
```

```
        <title>根据不同时间区间显示不同问候语</title>
    </head>
    <body>
        <script src="js/hi.js"></script>
    </body>
</html>
```

(2)编写 JavaScript 脚本。代码清单为 hi.js。

```
//利用内置时间对象 Date 获取小时数
let hrs = new Date().getHours();
let msg = "";
switch (true) {
    case hrs > 0 && hrs <= 6:
        msg = "早上好";
        break;
    case hrs > 6 && hrs <= 11:
        msg = "上午好";
        break;
    case hrs > 11 && hrs <= 13:
        msg = "中午好";
        break;
    case hrs > 13 && hrs <= 18:
        msg = "下午好";
        break;
    default:
        msg = "晚上好";
}
//输出到网页中
document.write("××用户,"+msg);
```

2.6.4　for 语句

for 语句是循环语句，按照指定的次数重复执行循环体。当 for 语句结构内的条件表达式的值为 true 时，for 语句被执行，并一直执行到条件表达式的值为 false 为止。除条件表达式外，在 for 语句的结构内可以初始化计数变量，并在每次循环中改变它的值。语法格式：

```
for(变量初始化表达式;条件表达式;变量更新表达式) {
    语句块;
}
```

可以省略 for 语句结构内的任何部分，但是必须使用分号将每个部分隔开。

for 语句执行流程图如图 2-5 所示。

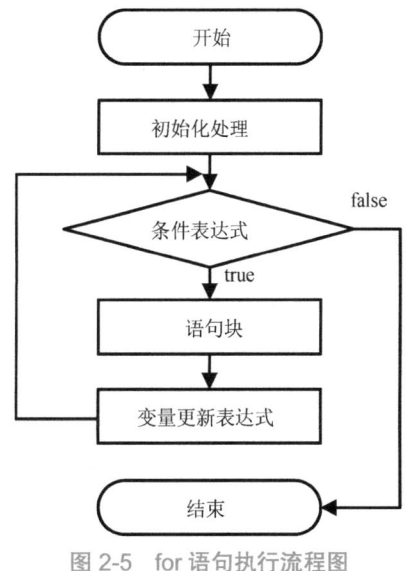

图 2-5　for 语句执行流程图

【案例 2-2】利用 for 语句计算 1～100 的累加和

for 语句是实现循环的常用语句之一，它适用于循环次数相对固定的场景。

【案例分析】

如果要一遍又一遍地运行相同的代码，并且每次的返回值都不同，就要想到使用循环来实现。在计算 1～100 的累加和时，要声明循环变量 i 并赋予其初始值 1，这个循环变量每次循环后加 1，起到记录循环次数的作用，可以称其为计数器。为了能够保存累加结果，还要声明一个存放累加和的变量 sum 并赋予其初始值 0，将每次循环结果都累加到 sum 变量中，即 sum+=i，也可以称 sum 为累加器。

【解决方案】

（1）编写 HTML 结构。代码清单为 sumfor.html。

```html
<!DOCTYPE html>
<html>
    <head>
        <meta charset="utf-8">
        <title>利用 for 语句计算 1～100 的累加和</title>
    </head>
    <body>
        <script src="js/accu.js"></script>
    </body>
</html>
```

（2）编写 JavaScript 脚本。代码清单为 accu.js。

```javascript
let sum = 0,
    count = 100;
for (let i = 0; i <= count; i++) {
    sum += i;
}
console.log(sum);
```

2.6.5　while 语句

while 语句也是常用的循环语句，当指定循环条件为 true 时重复执行循环体，否则，它不会执行下面的语句。语法格式：

```
while(条件表达式) {
    语句块;
}
```

while 语句执行流程图如图 2-6 所示。

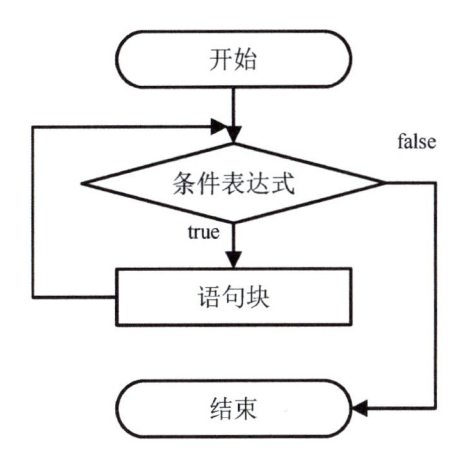

图 2-6 while 语句执行流程图

【案例 2-3】利用 while 语句循环输出小于 6765 的斐波那契数

while 语句是实现循环常用的语句之一，它不仅适用于循环次数固定的场景，也适用于循环次数不固定的场景。

【案例分析】

斐波那契数列指的是这样一个数列：1、1、2、3、5、8、13、21、……。在数学上，斐波那契数列被定义为 $F_0=0$，$F_1=1$，$F_n=F_{n-1}+F_{n-2}$（$n \geq 2$，$n \in \mathbf{N}^*$），即斐波那契数列由 0 和 1 开始，之后的斐波那契数由之前的两数相加得到。

【解决方案】

（1）编写 HTML 结构。代码清单为 fbnc.html。

```html
<!DOCTYPE html>
<html>
<head>
    <meta charset="utf-8">
    <title>输出小于 6765 的斐波那契数</title>
</head>
<body>
    <script src="js/fbnc.js"></script>
</body>
</html>
```

（2）编写 JavaScript 脚本。代码清单为 fbnc.js。

```javascript
document.write("小于 6765 的斐波那契数：" + "<br>");
let n1 = 1,
    n2 = 1,
    sum = 0,
    i = 2;
while (sum < 6765) {
```

```
    sum = n1 + n2;
    n1 = n2;
    n2 = sum;
    document.write(`第${i}项:${sum}<br>`);
    i++;
}
```

2.6.6　do...while 语句

do...while 语句是类似 while 语句的循环语句,它首先执行循环体,直到循环条件为 false 则结束循环。语法格式:

```
do{
    语句块;
}while(条件表达式)
```

do...while 语句执行流程图如图 2-7 所示。

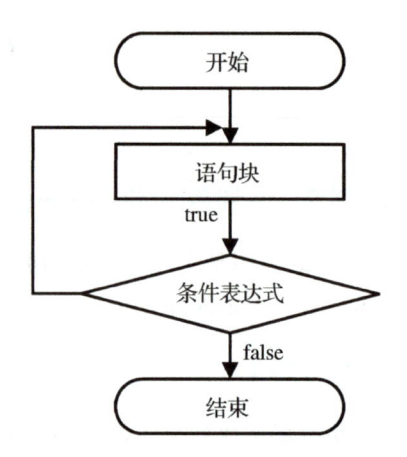

图 2-7　do...while 语句执行流程图

2.6.7　for...in 语句

for...in 语句主要用来遍历可迭代对象。所谓遍历,是指不断重复访问对象元素的过程。for...in 语句用于枚举对象中的非符号键属性,但不会显示构造函数属性。语法格式:

```
for(变量 in 对象) {
    语句块;
}
```

【训练 2-31】遍历数组元素。代码清单为 code2-31.html。

```
let fruit = ["Apple","Tomato","Strawberry"];
for(let x in fruit) {
    console.log(fruit[x]);
}
```

for...in 语句会按照顺序读取下一个元素,直到没有元素为止。in 运算符不仅可以用于检查一个对象的自身属性,还可以用于检查来自原型链上的属性,hasOwnProperty()方法可以用于检查来自非原型链上的属性的对象。

【训练 2-32】使用 hasOwnProperty()方法遍历数组元素。代码清单为 code2-32.html。

```
//为避免来自原型链上的属性,使用 hasOwnProperty()方法遍历数组元素
let fruit = ["Apple","Tomato","Strawberry"];
for(let x in fruit) {
    if (fruit.hasOwnProperty(x)) {
        console.log(fruit[x]);
    }
}
```

2.6.8 for...of 语句

for...of 语句是一种严格的迭代语句，用于遍历迭代对象的元素。语法格式：

```
for(变量 of 对象) {
    语句块;
}
```

for...of 语句的应用范围很广泛，可以用于遍历数组（Array）、映射（Map）、集合（Set）、字符串（String）、参数（Argument）对象的元素，不过，它不能用来遍历一般对象（Object），循环变量可以使用 const、let 或 var 来声明。

【训练 2-33】利用 for...of 语句遍历数组元素。代码清单为 code2-33.html。

```
let fruit = ["Apple", "Tomato", "Strawberry"];
for(const x of fruit) {
    console.log(x);
}
```

注意：虽然 for...of 语句不能用来遍历一般对象（Object），但使用一些内置的对象方法（如 Object.key()、Object.values()、Object.entries()）将一般对象（Object）转换为可迭代对象后就可以进行遍历了。

for...in/of 语句执行流程图如图 2-8 所示。

2.6.9 label 语句

label 语句只是一个标识，相当于给程序加了一个标签，而这个标签可以被跳转语句引用来指引跳转语句（break 或 continue 等）跳转的位置。语法格式：

```
标签名:
    语句;
```

标签名可以是任何 JavaScript 标识符，语句可以是任何合法的 JavaScript 语句。

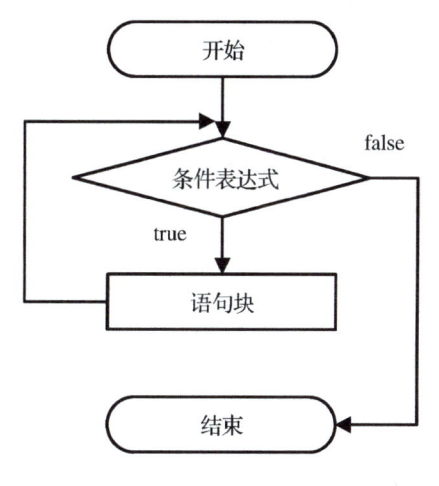

图 2-8　for...in/of 语句执行流程图

2.6.10 break 语句

break 语句是 JavaScript 中常用的跳转语句之一，break 语句可以跳出选择语句，也可以跳出循环语句，并结束循环语句的执行。

break 语句只能跳转到当前循环语句或外层循环语句前的标签位置，而不能跳转到其他标签位置，循环嵌套次数不限。语法格式：

```
break;
```

2.6.11 continue 语句

continue 语句也是 JavaScript 中常用的跳转语句之一，在中断循环过程中的当前循环后，开始执行循环过程中的一次新的循环。语法格式：

```
continue [label];   //[label]是可选的，用于指定断点处语句的标签
```

【训练 2-34】使用 for 语句执行循环，当 i===3 时，执行下一次循环；当 i===8 时，结束循环。代码清单为 code2-34.html。

```
for (let i = 0; i <= 10; i++) {
    if (i === 3) {
        console.log(i);
        continue;
    }
    if (i === 8) {
        console.log(i);
        break;
    }
    console.log("for loop i=" + i);
}
```

2.6.12　throw 语句

　　throw 语句是 JavaScript 中的异常处理语句之一。JavaScript 代码在执行过程中如果出现异常，会通过 throw 语句创建一个异常对象，该异常对象将被提交给浏览器，这个过程被称为"抛出异常"。当浏览器收到异常对象时，会寻找能处理这一异常对象的代码并将异常对象提交给该代码处理，这一过程被称为"捕获异常"。

　　使用 JavaScript 中的 throw 语句可以模仿 JavaScript 抛出一个异常。语法格式：

```
throw 异常对象或表达式;
```

　　throw 抛出的异常对象可以是 JavaScript 内置对象，也可以是用户自定义的异常对象。除此之外，还可以抛出任何类型的表达式。

2.6.13　try...catch 语句

　　try...catch 语句是 JavaScript 中的异常处理语句之一，用来在 JavaScript 中捕获抛出的任何数据，包括字符串、数字和对象。语法格式：

```
try{
    用于测试是否有错识的语句块；
}
catch(ex) {
    用于处理错误的语句块；
}
```

　　try...catch 语句可以捕获 throw 语句抛出的异常，也可以捕获 JavaScript 抛出的异常。

【案例 2-4】捕获计算矩形面积过程中产生的异常

　　通常使用 try...catch 语句捕获代码执行异常。

【案例分析】

　　try 语句允许定义在执行时进行错误测试的语句块，因此可以将执行计算矩形面积的函数写到 try 语句块中；catch 语句允许定义当 try 语句块发生错误时，所执行的语句块，因此可以将捕获的异常在 catch 语句块中输出。

【解决方案】

（1）编写 HTML 结构。代码清单为 area.html。

```html
<!DOCTYPE html>
<html>
    <head>
        <meta charset="utf-8">
        <title>捕获计算矩形面积过程中产生的异常</title>
    </head>
    <body>
        <script src="js/rect.js"></script>
    </body>
</html>
```

（2）编写 JavaScript 脚本。代码清单为 rect.js。

```javascript
var getRectArea = function(width, height) {
    if (isNaN(width) || isNaN(height)) {
        throw 'Parameter is not a number!';
    }
    return width*height;
}
try {
    console.log(getRectArea(3, "A"));
} catch (e) {
    console.error(e);
    // expected output: "Parameter is not a number!"
}
```

2.6.14 try...catch...finally 语句

　　try...catch...finally 语句提供了一种方法来处理可能发生在给定语句块中的某些或全部错误，同时仍保持代码的正常运行。如果发生了用户没有处理的错误，JavaScript 只给用户提供它的普通错误信息，就好像没有错误需要处理一样。

　　try...catch...finally 语句是 JavaScript 提供的异常处理机制。语法格式：

```
try{
    //这段代码从上往下运行，只要任何一条语句抛出异常该语句块就结束运行
}
catch(e) {
    //如果 try 语句块中抛出了异常，则 catch 语句块中的代码就会被执行
    //e 是一个局部变量，用来指向 Error 对象或者其他抛出的对象
```

```
}
finally{
    //无论try语句块中是否有异常抛出（甚至try语句块中有return语句），finally语句块
    //中的语句都始终会被执行
}
```

2.6.15　空语句

空语句由单一的";"构成。空语句可以看作一条特殊的表达式语句，不做任何处理或操作。空语句主要可以出现在作为循环语句的循环体或作为if语句的成分子句中。

2.6.16　定义语句

JavaScript中的定义语句包括var、let、const、function，它们分别用于定义变量、常量、函数。

2.6.17　return语句

return语句位于函数体中，可以使函数返回一个值。当程序执行到return语句时，会立即结束函数的执行，并返回return语句中的值。如果return语句后还有其他代码，则这些代码不会被执行。语法格式：

```
return 返回值；
```

【归纳总结】

本单元介绍了JavaScript词法符号、数据类型、变量、常量、运算符和表达式，还阐述了JavaScript常用语句的使用方法。读者需重点掌握利用JavaScript语句解决实际问题的方法。归纳总结如图2-9所示。

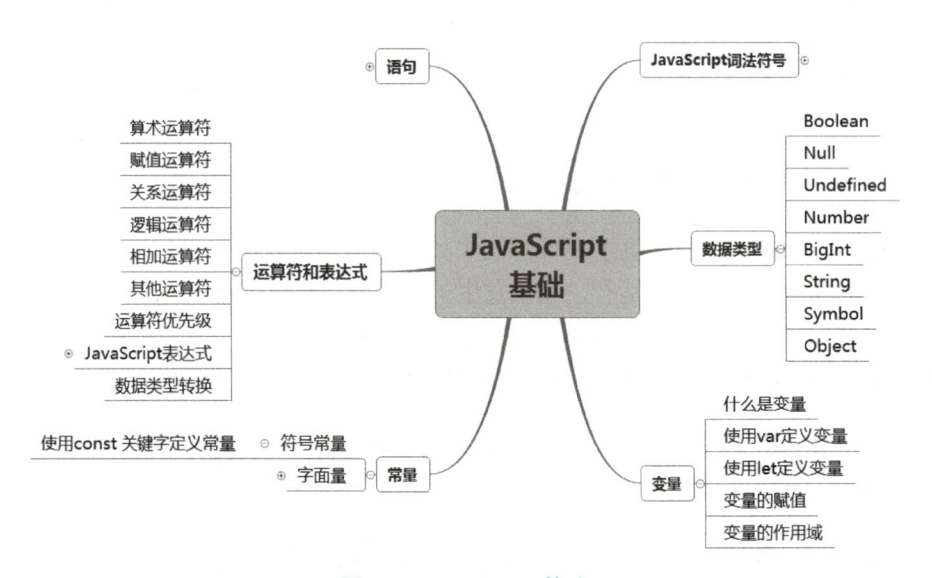

图2-9　JavaScript基础

单元 3　JavaScript 函数

学习目标

了解 JavaScript 函数的基本概念，掌握函数声明、函数调用、函数的参数与返回值。能够熟练运用函数解决实际应用问题。培养学生诚实守信、坚韧不拔的品质，让学生深刻体会到幸福是奋斗出来的。

情境引例

在科技发达的现代社会，物流的发展给人们带来了很大的便利，但是由于目前全国物流的价格不统一，甚至一个公司不同营业点的收费标准都有所差异，因此，知道如何计算长途物流运费是非常有必要的。物流运费计算方式与快递费计算方式是有区别的，物流的总运费由接货费、运费价格、送货费及其他增值服务费组成，运费价格按重量和体积分别计算费用后取最大值计入总运费。

本单元通过介绍 JavaScript 函数，为用户和长途物流托运公司编写一个运费计算程序。

3.1　认识函数

使用函数可以避免相同功能代码的重复编写，将程序中的代码模块化，提高程序的可读性和开发者的开发效率，便于后期程序的维护。

3.1.1　什么是函数

函数是用于完成一个特定功能的一段可以通过其名称被调用的代码，它可以传递参数并返回值。

在编写程序时，需要根据所要完成的功能，将程序划分为一些相对独立的部分，每部分编写一个函数，从而使程序各部分相对独立，并完成单一的任务，使整个程序结构清晰，达到易读、易懂和易维护的目标。

JavaScript 不同于其他语言，其中的每个函数都是作为一个对象被维护和运行的。利用函数对象的性质，可以很方便地将一个函数赋值给一个变量或将函数作为参数传递。

JavaScript 自身提供了丰富的函数，可以供程序设计人员直接使用，这些函数被称为标准函数或系统函数。除此之外，程序设计人员还可以根据具体的要求设计函数，即用户自定义函数。用户自定义函数需要先声明后使用。

3.1.2 函数声明

如果程序设计人员要使用自定义函数，就需要从函数声明开始，函数声明就是为函数命名并告诉该函数要完成什么功能。函数声明主要有以下几种方法。

1. 使用 function 语句声明函数

使用 function 语句声明函数是最基本的方法。语法格式：

```
function 函数名[参数1 [, ...参数n]]{
    函数体
    return[返回值];
}
```

说明：

（1）函数名是一个有效的 JavaScript 标识符，建议使用 camelCase（驼峰命名法）来命名。

（2）参数名称是一个有效的 JavaScript 字符串，或者一个用逗号分隔的有效字符串的列表，"[]"表示可选项。

（3）函数体是一个包括函数定义的 JavaScript 语句的字符串。

（4）返回值是将函数的处理结果返回调用方的值。通常，在函数的末尾使用 return 语句来实现。需要注意的是，return 语句后面的代码不会被执行。如果省略 return 语句，函数默认返回 undefined。

【训练 3-1】使用 function 语句创建一个能返回两个参数之和的函数。代码清单为 code3-1.html。

```
function adder(x,y){
  return x+y;
}
console.log(adder(7,8));
```

2. 使用 Function()构造函数声明函数

可以通过使用 Function()构造函数来声明 JavaScript 函数，这种方法在 Function()构造函数中可以将参数和函数体作为字符串来声明。语法格式：

```
var 变量名=new Function([参数1[, ...参数n],],函数体)
```

【训练 3-2】通过 Function()构造函数创建一个能返回两个参数之和的函数。代码清单为 code3-2.html。

```
const adder = new Function("x", "y", "return x + y;");
```

还可以写为：

```
const adder=Function("x","y","return x+y");
```

还可以将形式参数作为一个参数来写：

```
const adder=Function("x,y","return x+y")
console.log(adder(2, 6));              //8
```

3. 使用函数字面量声明函数

在 JavaScript 中，函数也是数据类型的一种，可以用字面量来表示，将函数字面量赋给变量，可以作为参数传递给某个函数或者作为返回值返回函数。

【训练 3-3】使用函数字面量创建一个能返回两个参数之和的函数。代码清单为 code3-3.html。

```
const adder=function(x,y){
   return x+y;
}
console.log(adder(2,6));               //8
```

说明：函数字面量在声明时是没有名字的匿名函数。

4. 立即执行函数

无论是使用 Function()构造函数还是使用函数表达式定义函数，实际上都是创建了一个函数对象，将其赋给一个变量。对于一些只需要在创建时执行一次而之后不再需要的函数，可以使用如下方式编写：

```
(function(){
   console.log("run self");
})();
```

3.1.3 函数调用

在 JavaScript 中，函数是一个对象，可以被传递和赋值。调用函数要根据不同的定义方法来选择调用方式，具体包括以下几种方式。

1. 函数名调用方式

通过函数声明或函数表达式的方式定义的函数，可直接通过函数名后面添加圆括号的方式调用，JavaScript 将执行函数体，最后返回结果。

2. 方法调用方式

方法调用方式会先定义一个对象 obj，然后在对象内部定义值为函数的属性 property，通过对象 obj.property()来进行函数调用。还可以通过方括号来调用函数，即对象名['函数名']()。

如果在某个方法中返回的是函数对象本身 this，那么可以利用链式调用原理连续进行函数调用。

【训练 3-4】使用对象的方法完成函数调用。代码清单为 code3-4.html。

```
var myObj={
   value:0,
   increment:function(n){
      this.value+=typeof n==='number'?n:1;
   }
}
```

```
myObj.increment();
console.log(myObj.value);            //1
myObj.increment(10);
console.log(myObj.value);            //11
```

3. 构造函数调用方式

构造函数调用方式是先定义一个函数，在函数中定义实例属性，然后在原型上定义函数，通过 new 操作符生成函数的实例，最后通过实例调用原型上定义的函数。

ECMAScript 2015 增加了一种检测函数调用方式的属性 new.target，如果是正常调用函数的，则 new.target 的值是 undefined；如果是使用 new 关键字调用函数的，则 new.target 将引用被调用的构造函数。

【训练 3-5】检测函数调用方式。代码清单为 code3-5.html。

```
function King() {
    if (!new.target) {
        throw ('King()要使用new关键字调用');
    }
    console.log('King()正确使用了new关键字调用');
}
new King();      // King()正确使用了new关键字调用
King();          // Uncaught，King()要使用new关键字调用
```

4. 动态方法调用方式

在 JavaScript 中，动态方法调用方式主要通过三个方法来实现，分别是 call()方法、apply()方法和 bind()方法。这三个方法都会改变函数调用的执行主体，修改 this 的指向。

apply()方法和 call()方法在执行后会立即调用函数；而 bind()方法在执行后不会立即调用函数，它返回的值是原函数的副本，可以在任何时候进行调用。

call()方法和 bind()方法接收的第一个参数是相同的，表示将要改变的函数调用的执行主体，即 this 的指向，call()方法从第二个参数开始到最后一个参数为止表示的是方法接收的参数，而 apply()方法中的第二个参数是一个数组，表示的是接收的所有参数，如果第二个参数不是一个有效的数组或 arguments 对象，则会抛出一个 TypeError 异常。

【训练 3-6】利用 call()方法改变函数调用的执行主体。代码清单为 code3-6.html。

```
function Product(name, price) {
this.name = name;
this.price = price;
}
function Food(name, price) {
Product.call(this, name, price);
this.category = 'food';
}
console.log(new Food('cheese', 5).name);
```

【训练 3-7】利用 apply()方法改变函数调用的执行主体。代码清单为 code3-7.html。

```
function Product(name, price) {
this.name = name;
```

```
    this.price = price;
}
function Food(name, price) {
    Product.apply(this, [name,price]);
    this.category = 'food';
}
console.log(new Food('cheese', 5).name);            // cheese
```

【训练 3-8】利用 bind()方法创建绑定函数。代码清单为 code3-8.html。

```
this.x = 9; // 在浏览器中，this 指向全局的 window 对象
var module = {
    x: 81,
    getX: function() {
        return this.x;
    }
};
console.log(module.getX());                 // 81
var retrieveX = module.getX;
console.log(retrieveX());
// 返回 9，因为函数是在全局作用域中被调用的
// 创建一个新函数，把 this 绑定到 module 对象中
// 初学者可能会将全局变量 x 与 module 对象的属性 x 混淆
var boundGetX = retrieveX.bind(module);
console.log(boundGetX());                   // 81
```

3.1.4 函数作用域

在 JavaScript 中，通常会把函数声明在需要使用的地方，将它们赋给变量和对象属性、添加到数组中、当作参数传给函数、作为函数的返回值。当调用函数时，JavaScript 会为函数创建一个词法环境，以便为该函数实例化一个函数级的词法作用域。

在早期版本的 JavaScript 中，下面的语句是不能被明确解释的：

```
let flag = false;
if (flag) {
    function foo() {
        console.log(1)
    }
} else {
    function bar() {
        console.log(2)
    }
}
```

在 ECMAScript 2015 之后，对上述语句有了明确解释：对于语句内的函数声明，其名称将被提升到语句之外的函数或全局作用域中。

在函数中，包括 var 在内的所有变量类型都仅适用于其作用域，无论使用哪一个关键字，都无法在变量定义的函数作用域外访问该变量。

【训练 3-9】访问函数内部变量。代码清单为 code3-9.html。

```
function func() {
    let n = 10;
    console.log(`func()函数内部的 n:=${n}`);
}
console.log(n);        //error:n is not defined
```

3.1.5 函数提升

函数提升是在代码执行过程中将函数声明移动到当前作用域顶层的行为。函数声明被提升到它们作用域的顶层，这就允许在函数声明之前调用该函数。当然，如果函数在被调用之前已经进行声明，那么虽然提升行为将不会发生，但程序仍会正常运行。当函数被调用时，函数体内部的语句就会被执行。尽管如此，函数提升通常是被优先执行的。

【训练 3-10】在代码中先调用一个函数，再声明这个函数。代码清单为 code3-10.html。

```
sayHi();              // Hi!
function sayHi() {
    console.log("Hi!")
}
```

【训练 3-11】赋给变量的匿名函数并不会像普通函数一样被提升。代码清单为 code3-11.html。

```
sayHi();              // Uncaught TypeError: sayHi is not a function
var sayHi=function () {
    console.log("Hi!")
}
```

3.2 函数参数与返回值

3.2.1 函数参数

函数可以通过参数接收外部数据，在声明函数时可以指定任意数量的参数，在函数体内可以通过参数名进行调用。在 ECMAScript 中，函数的参数分为两种：在定义时声明的参数为形式参数（形参），在调用时使用的参数为实际参数（实参）。函数既不关心传入的参数个数，也不关心这些参数的数据类型，主要原因是 ECMAScript 函数的参数在内部表现为一个数组。

1. 参数默认值

在调用函数时并不要求其必须设置参数，可以不传参数或者省略部分参数，若其未设置参数则默认值为 undefined。由于 ECMAScript 并不强制要求在调用函数时传递参数，因此在函数内部对参数进行检查和设置默认值是很有必要的，避免因调用者使用的参数与函数声明时设置的参数不一致而引起异常或产生错误结果。

【训练 3-12】在 ECMAScript 2015 之前，实现默认参数的方式是在函数体中利用逻辑表达式实现默认值。代码清单为 code3-12.html。

```
function add(x, y) {
    x = x || 0;
    y = y || 0;
    return x + y;
}
console.log(add(3));
```

【训练 3-13】在 ECMAScript 2015 之后,实现默认参数的方式是在函数定义中给出参数的默认值。代码清单为 code3-13.html。

```
function add(x=0,y=0){
    return x+y;
}
console.log(add(3));
```

2. arguments 参数

在使用 function 关键字定义函数(非箭头函数)时,可以在函数内部访问 arguments 类数组对象,从中获取传递进来的每个参数值。

可以使用 arguments.length 属性获取传递进来的参数个数,使用 arguments[i] 获取 i 个参数(从 0 开始),arguments.callee 属性是一个指向 arguments 对象所在函数的指针。

【训练 3-14】利用 arguments 类数组对象获取参数,完成累加和运算。代码清单为 code3-14.html。

```
function doAdd() {
    let rs = 0;
    if (arguments.length) {
        for (let i = 0; i < arguments.length; i++) {
            rs += arguments[i];
        }
    }
    return rs;
}
console.log(doAdd(1, 2, 3, 4, 5, 6, 7, 8, 9, 10));          //55
```

3. 剩余参数

在函数的命名参数前添加三个点(...)就表明这是一个剩余参数。剩余参数将一个不定数量的参数表示为一个数组,包含自它之后传入的所有参数,通过这个数组名即可逐一访问里面的参数。每个函数只能声明一个剩余参数,而且一定要将其放在所有参数的末尾。

【训练 3-15】利用剩余参数,完成累加和运算。代码清单为 code3-15.html。

```
function sum(...args) {
    let total = 0;
    for (let i = 0, len = args.length; i < len; i++) {
        total += args[i];
    }
    return total;
```

```
}
console.log(sum(1, 2, 3));              //6
```

说明：剩余参数不能用于对象字面量 setter 中。

4. 展开参数

展开运算符既可以用于在调用函数时传参，也可以用于定义函数参数。通过展开运算符解构数组并将每一个元素作为函数的独立参数使用。

【训练 3-16】JavaScript 内建的 Math.max()方法可以接收任意数量的参数并返回最大的值。代码清单为 code3-16.html。

```
let values = [25, 55, 75, 100];
//ECMAScript 2015 之前的解决方案
let result = Math.max.apply(Math, values);
//ECMAScript 2015 之后的解决方案
let rs = Math.max(…values);
console.log(result, "===", rs);         // 100 '===' 100
```

5. 解构参数

参数解构就是将一个对象或数组类型的参数，分解成多个单独的参数值的过程。

【训练 3-17】解构函数对象。代码清单为 code3-17.html。

```
function getSentence({subject,verb,object}) {
    return `${subject} ${verb} ${object}`;
}
const words = {
    subject: "I",
    verb: "love",
    object: "JavaScript."
}
console.log(getSentence(words)); //I love JavaScript.
```

【训练 3-18】解构函数数组。代码清单为 code3-18.html。

```
function getSentence([subject, verb, object]) {
    return `${subject} ${verb} ${object}`;
}
const words = ["I", "love", "JavaScript."];
console.log(getSentence(words)); //I love JavaScript.
```

说明：解构参数与一般参数的不同点在于，它是一个必须传值的参数，如果不传，则会引发程序报错，解构参数可以指定默认值。

6. 函数的参数也是函数

函数本身和其他数据类型一样，可以作为函数的参数被传递或返回。被作为参数返回值处理的函数称为高阶函数。

【训练 3-19】将函数作为参数的函数。代码清单为 code3-19.html。

```
function myMap(arr, fn) {
    let copy = [];
```

```
        for (let i = 0, len = arr.length; i < len; i++) {
            let original = arr[i];
            let modified = fn(original);
            copy[i] = modified;
        }
        return copy;
    }
    let array = [0, 1, 2, 3];
    array = myMap(array, function addOne(value) {
        return value + 1;
    });
    console.log(array);       // [1, 2, 3, 4]
```

说明：函数也可以被作为参数传递给另一个函数，这个函数被称为回调函数。

3.2.2 函数返回值

函数返回值就是通过函数调用获得的数据。在函数内部通过使用关键字 return 返回函数值。语法格式：

```
return [表达式];
```

在函数中可以使用 return 语句，也可以不使用 return 语句，但 return 语句只能出现在函数中。

程序在执行函数的过程中，当遇到 return 语句时，就不再执行该语句后面的程序语句，而是将控制权转交给调用函数的程序。如果函数中没有 return 语句，那么 JavaScript 会隐含地在函数末尾添加一条返回 undefined 值的 return 语句。因此，可以说所有函数都有返回值。

要想在函数外部得到函数值，需要将调用的函数返回的值赋给一个变量。

返回值的数据类型是没有限制的，可以返回 JavaScript 支持的任何数据类型。在函数中使用 return 语句时，return 语句只能返回一个值，如果想返回多个值，则可以使用数组或对象等数据类型来实现。

【训练 3-20】编写通过华氏温度计算摄氏温度的函数。代码清单为 code3-20.html。

```
  function convert(cTemp) {
    hTemp = (cTemp * 9) / 5 + 32;
    return hTemp;
}
console.log(convert(10));              //50
```

【训练 3-21】利用函数求已知数组中的最大值。代码清单为 code3-21.html。

```
const price=[52.3,68.6,89,109,32,56];
function getMax(arr){
    let max=arr[0];
    for(let i=1,len=arr.length;i<len;i++){
        if(arr[i]>max){
            max=arr[i];
        }
    }
```

```
    return max;
}
console.log(`数组中的最大值是：${getMax(price)}`);    //数组中的最大值是：109
```

3.3 箭头函数

从 ECMAScript 2015 开始，可以使用箭头的形式来声明一个函数，这样可以简化函数，尤其是匿名函数的声明。

3.3.1 使用箭头函数声明函数

在 ECMAScript 2015 中新增了箭头函数表示法。语法格式：

```
([参数1 [, ... 参数n]]) => { 函数体 }
([参数1 [, ... 参数n]]) =>(表达式)        //返回值是对象字面量表达式
```

说明：

（1）箭头函数中没有 function 关键字，可以使用表示名字由来的=>（箭头）连接参数和函数体。

（2）如果函数体中只有一条语句，则表示语句块的{...}可以省略，语句的返回值直接被视为函数返回值，这时 return 语句也可以省略，但如果没有参数，那么括号不能省略。

【训练 3-22】利用箭头函数创建一个能返回两个参数之和的函数。代码清单为 code3-22.html。

```
let adder=(x,y)=>{ return x+y;}
console.log(adder(8,9));              //17
```

说明：简写形式为 let adder=(x,y)=>x+y;。

3.3.2 箭头函数的特征

箭头函数与普通函数有些许不同，主要特征表现在以下几个方面。

1. 没有 this、super、arguments 和 new.target 绑定

在箭头函数中，this、super、arguments 和 new.target 这些值由外围最近一层的箭头函数决定。

2. 不能通过 new 关键字调用

箭头函数不能被用作构造函数，如果通过 new 关键字调用箭头函数，那么程序会抛出错误。

3. 箭头函数没有原型

箭头函数没有构建原型的需求，所以箭头函数不存在 prototype 属性。

4. 不可以改变 this 的绑定

箭头函数的一个特征是没有独立的 this 和作用域，在普通函数中，this 指向函数的调用者，还可以使用 call() 或者 apply() 方法改变 this 的指向。而在箭头函数中，this 永远指向函数定义处父级上下文的 this，而不是由调用者决定的。

提示：箭头函数的语法更简洁，其设计目标是替代匿名函数表达式。

3.4 闭包函数

在 JavaScript 中，内嵌函数可以访问定义在外层函数中的所有变量和函数，以及其外层函数能访问的所有变量和函数。但是在函数外部则不能访问函数的内部变量和嵌套函数，这时就可以使用"闭包"来实现。

3.4.1 理解闭包

JavaScript 和其他大多数语言一样，采用词法作用域，也就是说，函数的执行依赖于变量作用域，这个作用域是在函数被定义时决定的，而不是在函数被调用时决定的。为了实现这种词法作用域，JavaScript 函数对象的内部状态不仅要包含函数的代码逻辑，还必须引用当前的作用域链。函数对象可以通过作用域链相互关联起来，函数体内部的变量都可以保存在函数作用域内，这种特性被称为"闭包"。

所谓"闭包"，是指有权访问另一个函数作用域中的变量和函数，实现在函数外部读取函数内部的变量并且让变量的值始终保持在内存中。

【训练 3-23】写出程序的运行结果。代码清单为 code3-23.html。

```
let x=10;
const foo=function(){
    let y=20;
    let bar=function(){
        let z=30;
        console.log(x+y+z);
    }();
};
foo();            //60
```

3.4.2 闭包函数的实现

闭包函数的常见实现方式是在一个函数内部创建另一个函数，通过另一个函数访问这个函数的局部变量。

【训练 3-24】创建一个名为 count 的闭包函数，每调用一次该函数，返回值在原有值上加 1。代码清单为 code3-24.html。

```
var count = function() {
    var count = 0;
    return function() {
```

```
        return count++;
    }
}();
console.log(count());           //0
console.log(count());           //1
console.log(count());           //2
```

说明：Function()构造函数不能被用来创建闭包函数。这是因为使用 new 关键字创建的对象会创建一个独立的语境。

3.5 递归函数

3.5.1 理解递归函数

递归函数是指在函数内部调用自身的函数。一个函数直接调用自身函数的行为被称为递归调用。语法格式：

```
function func(){
    ......
    func();
    ......
}
```

递归函数的执行过程可以分为"回溯"和"递推"两个阶段。也就是在函数调用自身时，从函数开始处重新执行，当重新执行的函数结束时，返回调用该函数的地方继续执行。

【训练 3-25】通过使用递归函数可以更简捷地实现阶乘计算。代码清单为 code3-25.html。

```
function fact(n) {
    if (n <= 1) {
        return 1
    } else {
        return n * fact(n - 1);  //未优化
    }
}
console.log(fact(10));          // 3628800
```

3.5.2 尾调用优化

尾调用指的是函数作为另一个函数的最后一条语句被调用，这样 ECMAScript 2015 引擎就可以进行优化了，帮助函数保持一个更小的调用栈，从而减少内存的使用，避免栈溢出错误。递归函数是尾调用优化的主要应用场景。

【训练 3-26】阶乘函数的尾调用优化。代码清单为 code3-26.html。

```
function fact(n, p = 1) {
    if (n <= 1) {
        return 1 * p;
    } else {
        let result = n * p;
```

```
        return fact(n - 1, result);  //已优化
    }
}
console.log(fact(10));              // 3628800
```

在 fact()函数中,第二个参数 p 的默认值为 1,用于保存计算结果,在下一次迭代中可以取出它用于计算,不再需要进行额外的函数调用。当 n>1 时,先执行一轮乘法计算,然后将结果传给第二次 fact()调用的参数,这样 ECMAScript 2015 引擎就可以优化递归调用了。

3.6 系统函数

JavaScript 中预先定义了一些常用的系统函数,这些函数可直接在程序中被调用。

3.6.1 encodeURI()函数

encodeURI()函数可以把字符串作为 URI 进行编码并返回,而 URL 是最常见的一种 URI。语法格式:

```
encodeURI(URIstring)
```

参数说明:
URIstring 是一个字符串,包含 URI 或其他要编码的文本。
该函数的作用是对 URI 进行完整的编码,但不会对 ASCII 字母或数字进行编码,也不会对在 URI 中具有特殊含义的 ASCII 标点符号进行编码。

3.6.2 decodeURI()函数

decodeURI()函数可以对 encodeURI()函数编码过的 URI 进行解码。语法格式:

```
decodeURI(URIstring)
```

参数说明:
URIstring 是一个字符串,包含要解码的 URI 或其他要解码的文本。
【训练 3-27】进行 URI 的编码与解码操作。代码清单为 code3-27.html。

```
let encodeStr=encodeURI('http://www.126.com/index.jsp?name=王东');
console.log(`encodeStr: ${encodeStr}`);
 //encodeStr: http://www.126.com/index.jsp?name=%E7%8E%8B%E4%B8%9C
let decodeStr=decodeURI(encodeStr);
console.log(`decodeStr: ${decodeStr}`);
// decodeStr: http://www.126.com/index.jsp?name=王东
```

利用 encodeURI()函数编码过的 URI 经过 decodeURI()函数解码后,将显示原有的字符串。对 URI 进行编码和解码,是为了避免在信息传送时发生错误。

3.6.3 parseInt 函数

parseInt()函数用来将一个字符串按照指定的进制转换为一个整数。语法格式:

```
parseInt(numString,[radix])
```
参数说明：

numString 是要进行转换的字符串。

[radix] 是介于 2～36 之间的数值，用于指定进行字符串转换时所用的进制。如果省略该参数或其值为 0，则字符串将以十进制进行转换；如果该参数以"0x"或"0X"开头，则字符串将以十六进制进行转换。

3.6.4　parseFloat()函数

parseFloat()函数可解析一个字符串，并返回一个浮点数。该函数先判断字符串中的首个字符是否是数字。如果是，则对字符串进行解析，直到到达数字的末端为止，然后以数字而不是字符串返回该数字。语法格式：

```
parseFloat(string)
```
参数说明：

string 是必需项，指要被解析的字符串。

3.6.5　isNaN()函数

isNaN()函数用于检查其参数是否是非数字值。语法格式：

```
isNaN(x)
```
参数说明：

x 就是要检测的值。如果 x 是特殊的非数字值 NaN，则返回值就是 true；如果 x 是其他值，则返回值是 false。

isNaN()函数通常用于检测 parseInt()和 parseFloat()函数的结果，以判断它们表示的是否是合法的数字。当然也可以用 isNaN()函数来检测算术错误，如用 0 作除数的情况。

3.6.6　eval()函数

eval()函数可以将某个字符串参数解析为一段 JavaScript 代码。语法格式：

```
eval(string)
```
参数说明：

string 是要解析的字符串，其中包含要执行的 JavaScript 表达式或语句。

eval()函数只接受原始字符串作为参数，否则将不做任何改变直接返回结果。

【案例 3-1】为长途物流托运公司编写一个运费计算程序

长途物流托运总运费是由接货费、运费价格、送货费及其他增值服务费组成的，其中，运费价格按重量和体积分别计算费用后取最大值计入总运费。为了简化计算难度，此处不计算接货费、送货费和其他增值服务费，只计算运费价格。

【案例分析】

运费价格是指承运单位货物而需付出的运输劳动的价格。运费价格是运输产品价值的货币表现,表现为运输单位产品的价格。当承运人完成了运输任务后,将根据运费计算规则和公式,计算出实际发生的运费。

1. 运费计算规则

货物运输过程中收取的运费是按整批货物的实际重量和体积重量两者之中较高的一方计算的。

2. 运费计算公式

(1)当需寄物品实际重量大于或等于体积重量时,运费计算公式为:重量×重量单价。
(2)当需寄物品实际重量小于体积重量时,运费计算公式为:体积(长×宽×高)×体积单价。

3. 运费计算案例

以某物流公司为例,一件货物重 60kg,长 90cm,宽 80cm,高 70cm,由长春发到上海,物流重量单价为 2.64 元/kg,体积单价为 554 元/m^3,计算总运费是多少。
(1)按重量计算运费为:60kg×2.64 元/kg=158.4 元。
(2)按体积计算运费为:0.9m×0.8m×0.7m×554 元/m^3=279.216 元。
(3)取按重量计算的运费和按体积计算的运费的最大值,即 279.216 元。
因此,此次计算的运费结果为 279.216 元,其他费用已忽略。

【解决方案】

(1)编写 HTML 结构。代码清单为 freightcharge.html。

```html
<!DOCTYPE html>
<html>
    <head>
        <meta charset="utf-8">
        <title>运费计算</title>
    </head>
    <body>
        <h1>欢迎使用费用计算系统</h1>
        <script src="js/cacu.js"> </script>
    </body>
</html>
```

(2)编写 JavaScript 脚本。代码清单为 cacu.js。

```javascript
;(function() {
    let weight, //重量
        volume, //体积
        wprice = 2.64, //重量单价
```

```
            vprice = 554,  //体积单价
            wcharge = 0,  //按重量计算的运费
            vcharge = 0,  //按体积计算的运费
            msg = "";
        while (true) {
            weight = eval(prompt("请输入货物重量 [单价为2.64元/kg]，支持输入运算表达式"));
            volume = eval(prompt("请输入货物体积 [单价 554 元/m³]，支持输入运算表达式"));
            if (weight === undefined || volume === undefined) {
                continue;
            } else {
                printResult(weight, volume);
                break;
            }
        }
        //输出计算结果
        function printResult(w, v) {
            if (weight !== 0 && volume !== 0) {
                wcharge = parseInt(caculate(weight, wprice));
                vcharge = parseInt(caculate(volume, vprice));
                msg = `<p>用户您好! <p>
                    按重量计算运费=${weight}kg*${wprice}元=${wcharge}元<br>
                    按体积计算运费= ${volume}m³*${vprice}元=${vcharge}元<hr>
                    您的最终运输费用为：${wcharge>=vcharge?wcharge:vcharge}元`;
                document.write(msg);
            } else {
                document.write("数据输入有误! 数据不能为0");
            }
        }
        //计算运费
        function caculate(value = 0, rate = 0) {
            return value * rate;
        }
    })()
```

【归纳总结】

　　本单元介绍了函数的定义、函数声明方法、函数调用方法、函数作用域、函数提升、函数参数与返回值，同时阐述了箭头函数、闭包函数、递归函数和常用系统函数。通过学习本单元，读者需重点掌握声明函数和调用函数的方法。声明函数的目的是把大段的代码划分为一个个易于维护、易于组织的代码单元，增强程序的易读性和可维护性，使用者只需要关心函数的功能和调用方法，这一点读者要深刻理解。归纳总结如图3-1所示。

单元 3　JavaScript 函数

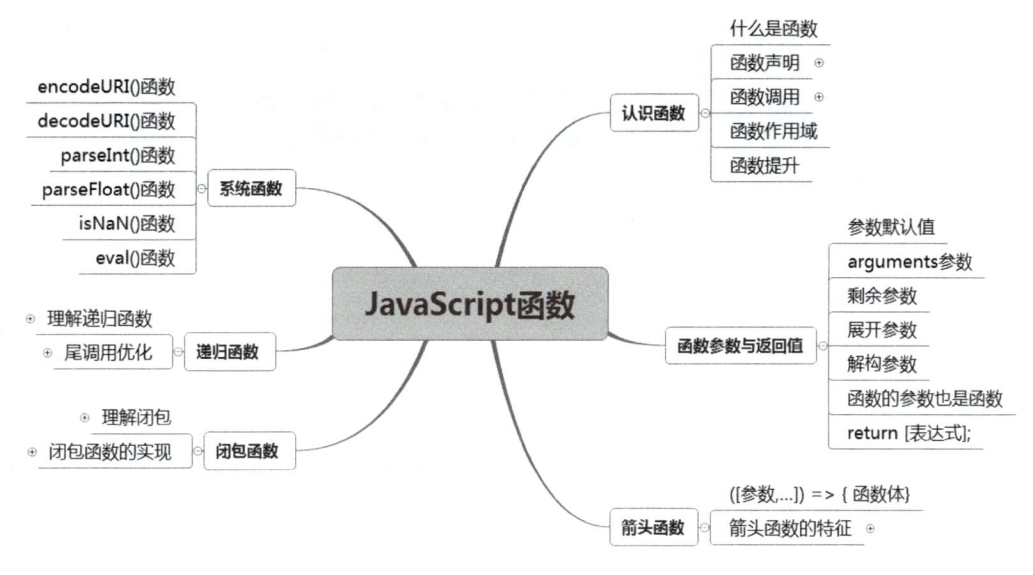

图 3-1　JavaScript 函数

单元 4　面向对象编程

学习目标

理解类与对象的概念，掌握对象的基本操作方法，掌握 JavaScript 继承的实现方法。能够在 HTML 中使用面向对象方法进行编程。培养学生认真细致的工作态度。

情境引例

JavaScript 是一门面向对象的脚本编程语言，具有面向对象编程语言的典型特征：需要定义类、实例化对象并调用对象的属性与方法。不同于面向过程的语言，在 JavaScript 中，万物皆对象，面向对象的思想始终贯穿程序。利用面向对象编程可以制作交互式页面，渲染页面。通过学习本单元，运用面向对象编程方法，在页面中实现烟花绽放的设计效果。

4.1　理解对象

在 JavaScript 中，类和对象是非常重要的知识点。真实世界是由各种类组成的，每个类有区别于其他类的特征，这些特征就是类的属性；每个对象有区别于其他对象的行为，这些行为就是方法。类的某一个具体实例被称为对象。每个对象都可以通过具体的方法来访问。

4.1.1　对象的基本概念

在现实生活中，对象是一种看得见、摸得着的东西，是一个具体的事物。例如，一名学生、一盒烟花、一部手机、一条小狗，这些都可以被看作对象。

属性是对象的特征，方法是对象的行为（完成某种任务）。在实际开发中，对象就是一个包含相关属性和方法的集合。

【训练 4-1】以一盒红色的烟花为例，下述代码把多个值赋给名为 fireworks 的变量。代码清单为 code4-1.html。

```
var fireworks = {type:"大吉", model:"烟花", color:"red"};
```

上述代码明确了对象的属性，即对各属性进行赋值，"大吉""烟花""red"都是属性值。当然，对象可以有方法（也可以没有），方法是以函数定义的，被存储在属性中。

【训练4-2】创建自定义对象（烟花），给它添加属性和方法。代码清单为code4-2.html。

```
var fireworks = {
    type:"大吉",
    model:"烟花",
    color:"red",
    displayName: function() {
        console.log(this.type);
    }
};
```

上述代码不仅给出了对象的属性及其值，还赋予了对象一个方法，方法的运行结果是在调试窗口中打印出该对象的type，运行代码后我们会在控制台页面中看到"大吉"二字。

4.1.2 属性类型

在JavaScript中，使用一些内部特性来描述属性的特征，JavaScript的内部引擎会用两个方括号把内部特性的名称括起来，如[[Enumerable]]。内部属性分为数据属性和访问器属性两种。

1. 数据属性

数据属性就是对象中属性的特性。数据属性包含一个数据值的位置，在这个位置可以读取和写入值。数据属性有四个描述其特征的特性（这些特性是为JavaScript内部引擎服务的，不能直接访问，所以将它们放在方括号中），如表4-1所示。

表4-1 数据属性

特性	描述	默认值
configurable	表示能否通过delete删除属性从而重新定义属性；能否修改属性的特性，或者能否把属性修改为访问器属性	true
enumerable	表示能否通过for...in循环返回属性	true
writable	能否修改属性的值	true
value	属性的数据值	undefined

数据属性可以直接使用对象字面量或new Object对象来定义，但这些特性值不能被直接访问，想要修改默认的特性，要使用定义在Object对象中的defineProperty()方法。

【训练4-3】 defineProperty()方法的使用。代码清单为code4-3.html。

```
//使用对象字面量创建一个对象
var fireworks= {};
//修改该对象属性的默认特性
/*
    第一个参数为属性所在的对象；
    第二个参数为要定义的属性名；
    第三个参数是其特性描述符的对象（特性为configurable、enumerable、writable、value）
*/
Object.defineProperty(fireworks, "name", {
    writable: false,
```

```
    value: "Nicholas"
});
//这样就可以访问定义好的数据属性了
alert(fireworks.name); //Nicholas
//在定义属性时将writable设定为false，所有对name属性值的更改操作将无效（严格模式下会
//报错）
fireworks.name = "Greg";
alert(fireworks.name); //"Nicholas"
```

运行结果如图 4-1 所示。

图 4-1 defineProperty()方法的使用

注意：当将 writable 设置为 false 时，在对 name 进行更改时，name 不会改变，当将 writable 设置为 true 时，name 才会被更改。

2. 访问器属性

访问器属性不包含数据值。它包含一对 getter()和 setter()函数。当读取访问器属性时，会调用 getter()函数并返回有效值；当写入访问器属性时，会调用 setter()函数并传入新值，setter()函数负责处理数据。该属性有四个特性，如表 4-2 所示。

表 4-2 访问器属性

特性	描述	默认值
configurable	表示能否通过 delete 删除属性从而重新定义属性；能否修改属性特性，或者能否把属性修改为访问器属性	true
enumerable	表示能否通过 for...in 循环返回属性	true
get	获取函数，在读取属性时调用	undefined
set	设置函数，在写入属性时调用	undefined

访问器属性不能被直接定义，必须通过 Object.defineProperty()方法定义，示例如下。

【训练 4-4】访问器属性的使用。代码清单为 code4-4.html。

```
var fireworks = {
    _type:"大吉",
    _model:"烟花",
    _color:"red"
};
//type 属性为只读的
Object.defineProperty(fireworks,"type",{
    get: function(){
        return this._type;
    }
});
//model 属性为可写不可读的
```

```
Object.defineProperty(fireworks,"model",{
    set: function(p){
        this._model = p;
    }
});
//color 属性为可读可写的
Object.defineProperty(fireworks,"color",{
    get:function(){
        return this._color;
    },
    set: function(p){
        this._color = p;
    }
});
console.log(fireworks.type);          //大吉
fireworks.type = "Evan";
console.log(fireworks.type);          //大吉，对 type 属性的修改无效
console.log(fireworks.model);         //undefined，不可读属性
fireworks.model = "烟花";
console.log(fireworks._model);        //烟花，已经被修改
console.log(fireworks.color);         //red，可读属性
fireworks.color = "green";
console.log(fireworks.color);         //green，可以修改
```

运行结果如图 4-2 所示。

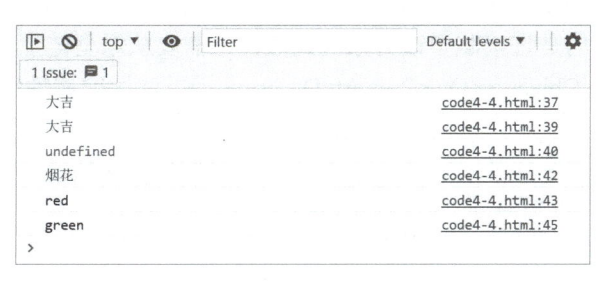

图 4-2 访问器属性的使用

属性前面的下画线表示该属性只能通过对象方法访问。使用 fireworks.type 时实际上调用的是 type 属性的 getter()函数，为 fireworks.type 赋值时调用的是 type 属性的 setter()函数，这样属性和访问器之间的关系就很清晰了。

4.1.3 定义多个属性

Object.defineProperty()方法只能定义单个属性，Object.defineProperties()方法可以通过描述符一次性定义多个属性。在调用 Object.defineProperties()方法时，如果不指定 configurable、enumerable 和 writable 特性，则默认值都是 false。

【训练 4-5】使用 Object.defineProperties()方法定义多个属性。代码清单为 code4-5.html。
```
var book = {};
```

```
Object.defineProperties(book, {
    //定义数据属性
    _year: {
        value: 2004
    },
    edition: {
        value: 1
    },
    // 定义访问器属性
    year: {
        get: function(){
            return this._year;
        },
        set: function(newValue){
            if (newValue > 2004) {
                this._year = newValue;
                this.edition += newValue - 2004;
            }
        }
    }
});
```

4.1.4 读取属性的特征

Object.getOwnPropertyDescriptor()方法用于返回指定对象上一个自有属性对应的属性描述符。自有属性指的是直接赋予该对象的属性，不需要从原型链上进行查找。

【训练 4-6】使用 Object.getOwnPropertyDescriptor()方法读取属性的特征。代码清单为 code4-6.html。

```
// 该方法接收两个参数：第一个参数是对象；第二个参数是对应的属性
var descriptor = Object.getOwnPropertyDescriptor(book, "_year");
alert(descriptor.value); //2004
alert(descriptor.configurable); //false
alert(typeof descriptor.get); //"undefined"
var descriptor = Object.getOwnPropertyDescriptor(book, "year");
alert(descriptor.value); //undefined
alert(descriptor.enumerable); //false
alert(typeof descriptor.get); //"function"
```

运行结果如图 4-3 所示。

图 4-3 使用 Object.getOwnPropertyDescriptor()方法读取属性的特征

在 JavaScript 中，可以针对任何对象使用 Object.getOwnPropertyDescriptor()方法。

4.2 创建对象

虽然使用 Object()构造函数或对象字面量可以方便地创建对象，但这些方式也有明显的不足，在创建具有同样接口的多个对象时需要重复编写很多代码，为了解决此问题，构造函数模式应运而生。

4.2.1 构造函数模式

除了可以直接用对象字面量创建一个对象，JavaScript 还可以用一种构造函数模式来创建对象。

【训练 4-7】用构造函数模式定义一个烟花的构造函数。代码清单为 code4-7.html。

```
function fireworks (type) {
    this.type = type;
    this.model = function () {
    alert('大吉, ' + this.type+ '!');
    }
}
//可以用关键字 new 来调用这个函数，并返回一个对象，即使用 new 调用 fireworks()
var yanhua= new fireworks('烟花');
yanhua.type;  // '烟花'
yanhua.model(); // 大吉，烟花！
```

构造函数模式也有缺点。使用构造函数模式创建对象的主要问题是：每个方法都要在每个实例上建立一遍。在建立实例时，Function()构造函数被重复调用，在堆中重复开辟空间会造成内存的浪费，所以就有了原型模式。

4.2.2 原型模式

用户自定义的每个函数都有一个 prototype（原型）属性，这个属性是一个指针，该指针指向一个对象，而这个对象包含了可以由特定类型的所有实例共享的属性和方法。如果按照字面意思来理解，prototype 就是通过调用构造函数而创建的对象实例的原型对象。使用原型对象的好处是可以让所有对象实例共享它所包含的属性和方法。换句话说，不必在构造函数中定义对象实例的信息，而是可以将这些信息直接添加到原型对象中。

【训练 4-8】通过 prototype 调用构造函数。代码清单为 code4-8.html。

```
function Fireworks() {}
Fireworks.prototype.type = "大吉";
Fireworks.prototype.model = "烟花";
Fireworks.prototype.color= "red";
Fireworks.prototype.sayType = function() {
```

```
        console.log(this.type);
    };
var fireworks1 = new Fireworks();
Fireworks1.sayType();
var fireworks2 = new Fireworks();
Fireworks2.sayType();
console.log(fireworks1.sayType == fireworks2.sayType);
```

在此，将 sayType()方法和所有属性直接添加到了 Fireworks 的 prototype 属性中，构造函数变成了空函数。即便如此，仍然可以通过调用构造函数来创建新对象，而且新对象具有与构造函数相同的属性和方法。但与构造函数模式不同的是，在原型模式中，新对象的这些属性和方法是由所有实例共享的。换句话说，fireworks1 和 fireworks2 访问的都是同一组属性和同一个 sayType()方法。要理解原型模式的工作原理，必须先理解原型对象的性质。

在 JavaScript 中，每个构造函数都有一个原型对象，可以通过构造函数的 prototype 属性来访问这个原型对象。

【训练 4-9】定义一个 Fireworks()函数。代码清单为 code4-9.html。

```
function Fireworks(){}   //定义函数
console.log (Fireworks.prototype);
console.log (typeof Fireworks.prototype);
```

说明：Fireworks()函数的 prototype 属性指向的对象就是 Fireworks()函数的原型对象。

利用原型对象，可以为所有的实例对象共享实例方法，实例方法被定义在原型对象中，所有的实例方法都可以访问原型对象的方法。因此，原型对象其实就是所有实例对象的原型。

【训练 4-10】原型对象的使用。代码清单为 code4-10.html。

```
function Fireworks(utype) {
    this.utype = utype;
}
Fireworks.prototype.sayType = function() {
    console.log(this.utype);
}
var f1 = new Fireworks('大吉烟花');
var f2 = new Fireworks('李顺烟花');
console.log(f1.sayType = f2.sayType);  //输出结果：true
f1.sayType();  //输出结果：大吉烟花
f2.sayType();  //输出结果：李顺烟花
```

4.2.3 对象迭代

迭代对象属性在 JavaScript 中有史以来都是一个难题。有两个静态方法用于将对象内容转换为序列化的、可迭代的格式。这两个静态方法为 Object.values()和 Object.entries()，它们接收一个对象，用于返回它们内容的数组。

1. Object.values()方法

Object.values()方法返回一个给定对象自身的所有可枚举属性值的数组，不包括原型链上的属性，值的顺序与使用 for...in 语句的顺序相同。

【训练 4-11】Object.values()方法的使用。代码清单为 code4-11.html。

```
var self = ['self', 20, 'M']
console.log(Object.values(self))    // ['self', 20, 'M']
```

2. Object.entries()方法

Object.entries()方法返回对象自身可枚举属性的键/值对数组，不包括原型链上的属性，该方法返回的是一个二维数组，属性名在前，属性值在后。

【训练 4-12】Object.entries()方法的使用。代码清单为 code4-12.html。

```
var self=[['name', 'self'], ['age', 20], ['gender', 'M']]
// [["0",["name","self"]], ["1",["age",20]],["2",["gender","M"]]]
console.log(Object.entries(self))
```

4.3 继承

许多面向对象的语言支持两种继承方式：接口继承和实现继承。接口继承只继承方法签名，而实现继承则继承实际的方法。在 JavaScript 中，由于函数没有签名，因此无法支持接口继承，只支持实现继承，并且是通过原型链来实现的。

4.3.1 认识原型链

在 JavaScript 中，每个函数都有一个 prototype 属性，指向一个对象，这个对象就是原型对象，prototype 属性默认引用的是空对象。原型对象的作用是定义所有实例对象共享的属性和方法。每个对象都有一个指向其构造函数原型对象的内部指针，因为原型对象也是对象，所以它也有自己的原型对象；而这个原型对象又通过内部引用指向其原型对象，直到某个对象的原型对象为 null，这种一级一级的链结构就被称为原型链，原型链的顶端是 Object.prototype。

实例对象与其构造函数及对应的原型对象之间的关系如图 4-4 所示。构造函数 SuperType 和 SubType，分别定义了一个属性和一个方法。SubType 通过创建 SuperType 的实例将其赋值给自己的原型 SubType.prototype，实现了对 SuperType 的继承，即 SubType.prototype=new SuperType()。这就意味着 SubType 实例可以访问来自 SuperType 实例的所有属性和方法。

实现继承的关键是 SubType 没有使用默认的原型对象 SubType.prototype，而是将其替换成了 SuperType 的实例，这样就与 SuperType 的原型建立了联系，并指向 SuperType 实例的原型对象 SuperType。于是 SubType 实例 instance 通过内部指针[[Portotype]]指向 SubType.prototype，而 SubType.prototype 又通过内部指针[[Portotype]]指向 SuperType.prototype。

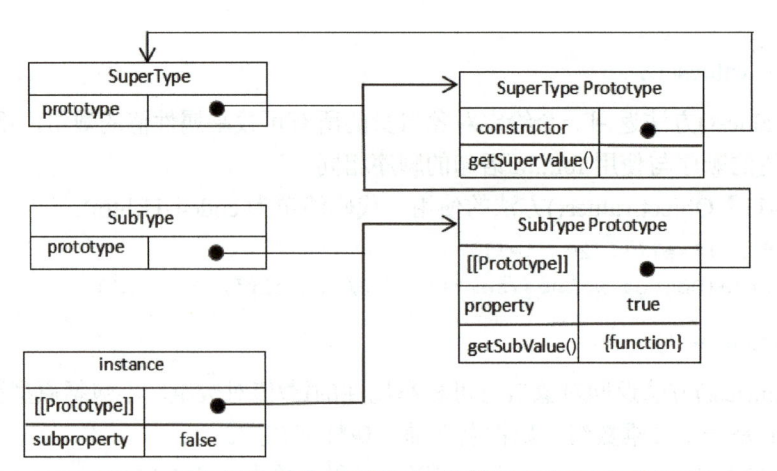

图 4-4 实例对象与其构造函数及对应的原型对象之间的关系

【训练 4-13】采用原型链的机制实现继承。代码清单为 code4-13.html。

```javascript
function SuperType() {
    this.property = true;
}
SuperType.prototype.getSuperValue = function() {
    return this.property;
}
function SubType() {
    this.subproperty = false;
}
// 继承 SuperType
SubType.prototype = new SuperType();
SubType.prototype.getSubValue = function () {
    return this.subproperty;
};
let instance = new SubType();
console.log(instance.getSuperValue()); // true
```

在访问一个处于原型链中的对象的属性时，会沿着原型链对象一直向上查找，如果找到了一个与之匹配的属性名，则返回该属性的值，如果在原型链的末端（也就是 Object.prototype）没有找到与之匹配的属性，则返回 undefined。需要注意的是，如果发生属性屏蔽，这种查找方式只会返回第一个与之匹配的属性。

【训练 4-14】原型链的查找。代码清单为 code4-14.html。

```javascript
var obj1 = {
    x:1
}
 var obj2 = {
    x:2,
    __proto__:obj1
}
var obj3 = {
    x:3,
```

```
    __proto__:obj2
}
console.log(obj3.x);    //3
```

4.3.2 原型式继承

原型式继承不使用构造函数实现继承，JSON 格式的发明者 Douglas Crockford 提出了一个 object()函数，他的出发点是即使不自定义类型，也可以通过原型实现对象之间的信息共享。

【训练 4-15】使用 object()函数实现继承。代码清单为 code4-15.html。

```
function object(o){
    function F(){};
    F.prototype=o;
    return new F();
}
```

说明：在 object()函数的内部，先创建一个临时性的构造函数，然后将传入的对象作为这个构造函数的原型，最后返回这个临时类型的一个新实例。

【训练 4-16】原型式继承。代码清单为 code4-16.html。

```
var person={
    name:"张三",
    colors:["red","green"]
}
var o1=object(person);
o1.name="李四";
o1.colors.push("pink");
console.log(o1.colors);     //["red", "green", "pink"]
var o2=object(person);
console.log(o2.colors);     //["red", "green", "pink"]
```

这种原型式继承，要求必须有一个对象作为另一个对象的基础，如果有这样一个对象，可以把它传递给 object()函数，然后根据具体需求对得到的对象加以修改。

4.3.3 寄生式继承

寄生式继承与原型式继承紧密相关。寄生式继承的思路与寄生构造函数和工程模式类似，即创建一个仅用于封装继承过程的函数，该函数的内部以某种方式来增强对象，最后返回对象。

【训练 4-17】寄生式继承。代码清单为 code4-17.html。

```
function object(o){
    function F(){}
    F.prototype = o;
    return new F();
}
function createAnother(original){
    var clone = object(original);//通过调用函数创建一个新对象
    clone.sayHi = function(){//以某种方式来增强这个对象
```

```
        console.log('hello')
    }
    return clone;//返回这个对象
}
```

说明：createAnother()函数接收了一个参数，也就是将要作为新对象基础的对象。然后，把这个对象传递给 object()函数，将返回的结果赋给 clone 对象，为 clone 对象添加一个新的方法 sayHi，最后返回 clone 对象。

【训练 4-18】使用 createAnother()函数实现继承。代码清单为 code4-18.html。

```
var fireworks= {
    type:"大吉",
    model:"烟花"
}
var anotherFireworks = createAnother(fireworks);
anotherFireworks.sayHi();//hello
```

说明：基于 fireworks 返回了一个新对象——anotherFireworks。新对象不仅具有 fireworks 的所有属性和方法，而且有自己的 sayHi()方法。

在主要考虑对象而不是自定义类型和构造函数的情况下，寄生式继承是一种有用的模式。前面示范继承模式时使用的 object()函数不是必需的，任何能够返回新对象的函数都可以使用。

4.3.4 寄生式组合继承

寄生式组合继承存在一定的效率问题，它的父类构造函数始终会被调用两次：一次在创建子类原型时被调用；另一次在子类构造函数中被调用。本质上子类只需要在执行时重写自己的原型。

【训练 4-19】重写 inheritPrototype 原型。代码清单为 code4-19.html。

```
function inheritPrototype(subType, superType) {
    let prototype = Object(superType.prototype); // 创建对象
    prototype.constructor = subType; // 增强对象
    subType.prototype = prototype; // 赋值对象
}
```

inheritPrototype()函数实现了寄生式组合继承的核心逻辑。这个函数接收两个参数：子类构造函数和父类构造函数。在这个函数内部，首先创建父类原型的一个副本。然后给返回的 prototype 对象设置 constructor 属性，解决由于重写原型导致默认 constructor 丢失的问题。最后将新创建的对象赋给子类的原型。

【训练 4-20】为子类原型赋值。代码清单为 code4-20.html。

```
    // 声明一个 SuperType()构造函数，并且为它定义属性
    function SuperType(name) {
        this.name = name;
        this.colors = ["red", "yellow", "bule"];
    }
    // 在构造函数的原型对象上添加方法 sayName
```

```
        SuperType.prototype.sayName = function() {
            console.log(this.name)
        }
            // 声明一个SubType()构造函数
        function SubType(name, age) {
            // 通过call()方法修改this的指向,这样SubType()构造函数就可以访问到
            //SuperType()构造函数中的属性及原型对象上的属性和方法
            SuperType.call(this.name);
            this.age = age;
        }
        inheritPrototype(SubType, SuperType);
        SubType.prototype.sayAge = function() {
            console.log(this.age);
        };
```

这里只引用了SuperType()构造函数中需要的属性,提高了执行效率,并且保证了原型链不会发生变化。

4.4 类

在前端开发中,经常需要定义JavaScript类,由于JavaScript中的类基于原型链和继承,因此在上面的内容中就已经定义了很多类。JavaScript中的类同样具有传统类的多态、封装、继承等特性,很多时候不经意就会使用这三个特性,这里主要讲解继承特性。

4.4.1 类定义

开发者可以使用class关键字声明一个类,之后用这个类来实例化对象。类抽象了对象的公共部分,它泛指某一大类(class)。

对象特指某一个成员,通过类可实例化一个具体的对象。

【训练4-21】创建类。代码清单为code4-21.html。

```
 class name {
//class body
}
//创建实例,语法格式如下
var xx = new name();
```

4.4.2 类构造函数

构造函数主要用来创建对象,并为对象的成员赋初始值。可以把对象中的一些公共的属性和方法抽取出来,封装到构造函数中。

【训练4-22】创建一个Fireworks()构造函数,用于创建烟花对象。代码清单为code4-22.html。

```
function Fireworks (type,model) {
    this.type =type;
```

```
        this.model= model;
        this.good = function(){
    console.log('烟花好看')
        };
    }
var f1 = new Fireworks('大吉',"烟花");
var f2 = new Fireworks('李顺',"烟花");
console.log (f1.type);  //输出结果：大吉
console.log (f2.model);   //输出结果：烟花
f2.good ();  //输出结果：烟花好看
```

说明：上述代码用面向对象的思想封装了一个Fireworks()构造函数，在该构造函数中，有type和model两个属性，以及good()方法。

4.4.3 类成员

1. 实现类的公有成员

前面定义的任何类成员都属于公有成员的范畴，该类的任何实例都对外公开这些属性和方法。

2. 实现类的私有成员

私有成员是在类的内部实现中可以共享的成员，不对外公开。JavaScript并没有提供特殊的机制来定义私有成员，但可以用一些技巧来实现这个功能。

这个技巧主要是通过变量的作用域性质来实现的，在 JavaScript 中，在一个函数内部定义的变量被称为局部变量，该变量不能被此函数外的程序访问，但可以被函数内部定义的嵌套函数访问。实现私有成员的过程，正是利用了这一性质。

在类的构造函数中可以为类添加成员，通过这种方式定义的类成员，实际上共享了在构造函数内部定义的局部变量，这些变量就可以被看作类的私有成员。

【训练4-23】实现私有成员。代码清单为code4-23.html。

```
function class1(){
  var pp=" this is a private property"; //定义私有属性成员 pp
  function pm(){  //定义私有方法成员 pm()，用于显示 pp 的值
    alert(pp);
  }
  this.method1=function(){
    //在公有成员中改变私有属性成员的值
    pp="烟花好看";
  }
  this.method2=function(){
    pm();  //在公有成员中调用私有方法成员
  }
}
var obj1=new class1();
obj1.method1();  //调用公有方法 method1()
obj1.method2();  //调用公有方法 method2()，输出烟花好看
```

上述代码实现了私有属性成员 pp 和私有方法成员 pm()。运行完 class1() 函数以后，尽管看上去 pp 和 pm() 这些局部变量应该随即消失，但实际上因为 class1() 函数是通过 new 来运行的，它所属的对象还没有消失，所以仍然可以通过公有成员来对它们进行操作。

注意：这些局部变量（私有成员）被所有在构造函数中定义的公有方法共享，而且仅被在构造函数中定义的公有方法共享。这意味着，在 prototype 中定义的类成员将不能访问在构造函数中定义的局部变量（私有成员）。

使用私有成员是以牺牲代码可读性为代价的。而且这种实现更多的是一种 JavaScript 技巧，因为它并不是语言本身具有的机制。但这种利用变量作用域性质的技巧，是值得借鉴的。

3. 实现类的静态成员

静态成员属于一个类的成员，可以通过"类名.静态成员名"的方式访问该成员。在 JavaScript 中，可以给一个函数对象直接添加成员来实现静态成员，因为函数也是一个对象，所以对象的相关操作，对函数同样适用。

【训练 4-24】 实现静态成员。代码清单为 code4-24.html。

```
function class1(){//构造函数
}
//静态属性
class1.staticProperty="烟花";
//静态方法
class1.staticMethod=function(){
  alert(class1.staticProperty);
}
//调用静态方法
class1.staticMethod();
```

运行结果如图 4-5 所示。

图 4-5 实现静态成员

说明：上述代码为类 class1 添加了一个静态属性和静态方法，并且在静态方法中引用了该类的静态属性。

如果要给每个函数对象都添加通用的静态方法，则还可以通过函数对象所对应的类 Function 来实现。

【训练 4-25】给每个对象添加静态方法。代码清单为 code4-25.html。

```
//给类 Function 添加原型方法：showArgsCount()
Function.prototype.showArgsCount = function() {
    alert(this.length); //显示函数定义的形参的个数
}
```

```
            function class1(a) {        //定义一个类
            }
            //调用通过类 Function 的 prototype 定义的静态方法 showArgsCount()
            class1.showArgsCount();
```

运行结果如图 4-6 所示。

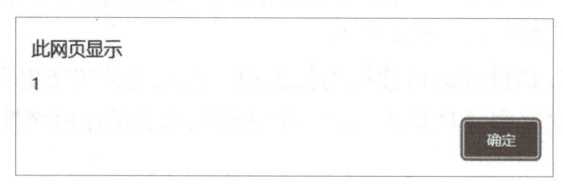

图 4-6　给每个对象添加静态方法

4.4.4　继承

在现实生活中，继承一般指的是子女继承父辈的财产。而在 JavaScript 中，继承用来表示两个类之间的关系，子类可以继承父类的一些属性和方法，在继承以后还可以增加自己独有的属性和方法。类的继承使用 extends 关键字实现。

【训练 4-26】使用 extends 关键字实现类的继承。代码清单为 code4-26.html。

```
//先准备一个父类
class Father {
constructor() {
}
money (){          //父类中的方法可以被子类继承
console.log(100);
}
}
//子类继承父类
class Son extends Father{
}
//创建子类对象
var son=new Son ();
son.money();       //输出结果：100
```

说明：money()是父类中的方法，子类中没有，但在子类继承父类以后，子类对象也拥有了 money()方法，说明子类成功继承了父类。

【案例 4-1】面向对象——制作具有烟花喷泉效果的页面

利用面向对象的思想，制作一个具有烟花喷泉效果的页面。

【案例分析】

要实现烟花喷泉的效果，首先要创建一个背景，并设置其颜色和大小，然后在背景的基础上定义一个存放所有烟花粒子的数组，可以叫它"烟花盒子"，接着创建一个 showBox()方法用于显示粒子，在该方法中实现烟花喷泉的各个功能，包括清空背景、创建烟花粒子、将粒子装进"烟花盒子"、更新烟花粒子的位置,另外定义一个 Boxs()方法,用于设置烟花粒子的释放速度、位置及颜色,最后利用方法实现烟花喷泉的效果。

【解决方案】

(1)编写 HTML 结构。代码清单为 fwk.html。

```
<!DOCTYPE html>
<html>
<head>
<meta charset="utf-8">
    <title></title>
</head>
<body>
<script src="fwk.js"></script>
</body>
</html>
```

(2)编写 JavaScript 脚本。代码清单为 fwk.js。

```
window.onload = function() {
    // 创建一个背景对象
    var background = document.createElement("canvas");
    // 设置背景大小和颜色
    background.width = window.innerWidth;
    background.height = window.innerHeight;
    background.style.backgroundColor = "#333333";
    // 将背景放置到 body 中
    document.body.appendChild(background);
    // 得到烟花
    var context = background.getContext("2d");
    // 定义一个存放所有烟花粒子的数组,可以叫它"烟花盒子"
    var Box = [];
    // 调用 showBox()方法,用于显示烟花粒子
    showBox();
    // 创建显示烟花粒子的方法
    function showBox() {
        // 循环操作
        setInterval(function() {
            // 清空背景
            context.clearRect(0, 0, background.width, background.height);
            // 创建烟花粒子
            var p = new Boxs(background.width * 0.5, background.height * 0.5);
            // 将烟花粒子装入存放烟花粒子的盒子
            Box.push(p);
            // 循环更新所有烟花粒子的位置
            for (var i = 0; i < Box.length; i++) {
                // 更新位置
```

```javascript
                Box[i].updateData();
            }
        },
        50);
}
function Boxs(x, y) {
    // 原坐标
    this.x = x;
    this.y = y;
    // 开始出现时，初始化 yVal 的值
    this.yVal = -5;
    // 开始出现时，初始化 xVal 的值
    this.xVal = Math.random() * 8 - 4;
    // 定义一个下降的重力加速度
    this.g = 0.1;
    // 更新位置
    this.updateData = function() {
        // x 值的变化
        this.x = this.x + this.xVal;
        // y 值的变化
        this.y = this.y + this.yVal;
        // 每次改变 y 值后速度的变化
        this.yVal = this.yVal + this.g;
        // 生成一个随机颜色
        context.fillStyle = "#" + Math.floor(Math.random() * 0xffffff).toString(16);
        // 将更新位置后的烟花绘制出来
        this.draw();
    };
    // 放烟花的方法
    this.draw = function() {
        // 开始放烟花
        context.beginPath();
        // 画烟花
        context.arc(this.x, this.y, 5, 0, Math.PI * 2, false);
        // 结束放烟花
        context.closePath();
        // 填充
        context.fill();
    };
}
};
```

运行结果如图 4-7 所示。

图 4-7 具有烟花喷泉效果的页面

【归纳总结】

本单元介绍了构造函数和对象的概念、对象的属性特征、对象的继承及 JavaScript 中的类，还阐述了创建对象的方法、定义对象属性的方法、实现继承的方法、定义类和使用类创建对象的方法。运用面向对象编程方法，完成了烟花喷泉效果的设计。通过学习本单元，读者需重点掌握创建类的方法，深刻理解原型对象和原型链的概念。归纳总结如图 4-8 所示。

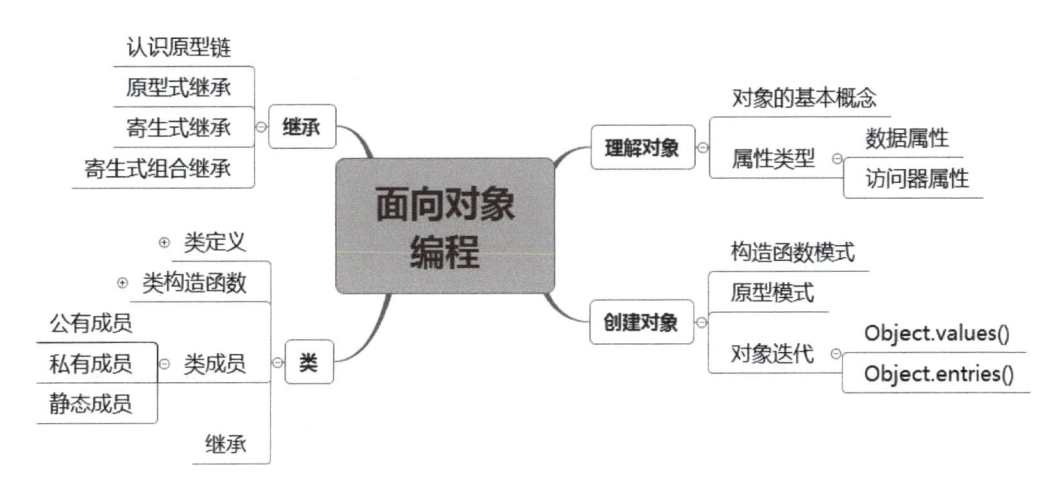

图 4-8 面向对象编程

单元 5　JavaScript 内置对象

学习目标

了解内置对象的种类，掌握内置对象的构造函数的使用方法，掌握 Object、Function、Array 等对象的常用属性和方法。能够利用内置对象设计网页中常见的交互效果。培养学生举一反三、自主学习的职业精神。

情景引例

JavaScript 是一门基于对象的语言，常用的内置对象包括 Array、String、Date、RegExp 及 Math 等。通过学习本单元，使用内置对象进行电子时钟、随机抽奖、表单验证等常见的网页交互效果设计。

5.1　Object 对象

Object 是一个在 JavaScript 中被广泛使用的对象。JavaScript 中的所有对象都继承自 Object 对象。Object 对象通常用来存储数据，且包含许多属性和方法。本节将详细说明 Object 对象的常用方法和属性。

5.1.1　创建 Object 对象

对象是一组相似数据和功能的集合，用于模拟现实世界中的对象。在 JavaScript 中，创建对象的方式主要有三种：构造函数、对象字面量和 Object.create()方法。

1. 构造函数

使用构造函数创建对象的方式为：new 关键字后跟 Object()构造函数，并为对象实例动态添加不同的属性。

【训练 5-1】使用 new 关键字创建 Object()构造函数，并进行赋值。代码清单为 code5-1.html。

```
//构造函数方式
var person = new Object();
person.name = "小明";
```

```
person.age = 25;
```
这种方式相对来说比较烦琐，一般推荐使用对象字面量来创建对象。

2. 对象字面量

使用对象字面量创建一个对象的方式相对比较简单、容易理解。语法格式：

```
var obj = {
    property_1: value_1,
    property_2: value_2,
    ……
    property_n: value_n
};
```

3. Object.create()方法

通过Object.create()方法，使用一个指定的原型对象和一个额外的属性对象可以创建一个新对象。这是一个用于对象创建、继承和重用的强大的新接口，简言之，就是一个新的对象可以继承一个对象的属性，并且可以自行添加属性。

【训练5-2】使用Object.create()方法创建对象。代码清单为code5-2.html。

```
<!DOCTYPE html>
<html lang="en">
<head>
<meta charset="UTF-8">
<meta http-equiv="X-UA-Compatible" content="IE=edge">
<meta name="viewport" content="width=device-width, initial-scale=1.0">
<title>Document</title>
</head>
<body>
<script>
    var obj = Object.create({}, {
        "a": {
            value: 1,
            configurable: false,
            enumerable: true,
            writable: true
        },
        "b": {
            value: 2,
            configurable: false,
            enumerable: true,
            writable: true
        },
        "c": {
            value: 3,
            configurable: false,
            enumerable: true,
            writable: true
```

```
        }
    });
    console.log(obj.a) //输出 1
    console.log(obj.b) //输出 2
    console.log(obj.c) //输出 3
</script>
</body>
</html>
```

5.1.2 Object 对象常用属性

Object 对象常用属性为 constructor，用于保存当前对象的构造函数。

【训练 5-3】Object 对象中 constructor 属性的使用。代码清单为 code5-3.html。

```
<!DOCTYPE html>
<!DOCTYPE html>
<html lang="en">
<head>
<meta charset="UTF-8">
<meta http-equiv="X-UA-Compatible" content="IE=edge">
<meta name="viewport" content="width=device-width, initial-scale=1.0">
<title>Document</title>
</head>
<body>
<script>
    var obj1 = new Object();
    obj1.id = "obj1";
    var obj2 = {
        "id" : "obj2"
    };
    console.log(obj1.constructor); //function Object(){}
    console.log(obj2.constructor); //function Object(){}
</script>
</body>
</html>
```

5.1.3 Object 对象常用方法

JavaScript 方法是能够在对象上执行的函数。Object 对象常用方法如表 5-1 所示。

表 5-1 Object 对象常用方法

方法	描述
hasOwnProperty(propertyName)	返回一个布尔值，表示某个对象是否含有指定的属性，而且此属性不是采用原型链继承的
isPrototypeOf(Object)	返回一个布尔值，用于判断指定的对象是否在本对象的原型链中
propertyIsEnumerable(prototypeName)	用于判断给定的属性是否可以被 for...in 语句枚举出来

续表

方法	描述
toLocaleString()	返回对象的字符串表示，和代码的执行环境有关
toString()	返回对象的字符串表示
valueOf()	返回指定对象的原始值

1. toString()方法

【训练 5-4】Object 对象中 toString()方法的实现。代码清单为 code5-4.html。

```
var obj = { };
console.log(obj.toString());//[Object object]
var date = new Date();
//Sun Feb 28 2016 13:40:36 GMT+0800 (中国标准时间)
console.log(date.toString());
```

2. valueOf()方法

valueOf()方法用于返回指定对象的原始值，可能是字符串、数值或布尔值等，需根据具体对象确定。

如下代码所示，三个不同的对象实例调用 valueOf()方法返回不同的数据类型。

【训练 5-5】Object 对象中 valueOf()方法的实现。代码清单为 code5-5.html。

```
<!DOCTYPE html>
<html lang="en">
<head>
<meta charset="UTF-8">
<meta http-equiv="X-UA-Compatible" content="IE=edge">
<meta name="viewport" content="width=device-width, initial-scale=1.0">
<title>Document</title>
</head>
<body>
<script>
    var obj = {
        name: "obj"
    };
    console.log(obj.valueOf()); //Object {name: "obj"}
    var arr = [1];
    console.log(arr.valueOf()); //[1]
    var date = new Date();
    console.log(date.valueOf()); //1456638436303
</script>
</body>
</html>
```

5.2 Function 对象

在 JavaScript 中，每个函数实际上都是一个 Function 对象，是由 Function()构造函数创建出来的。Function 对象没有自己的属性和方法,但是,因为它本身也是函数,所以它会通过原型链从 Function.prototype 上继承部分属性和方法。

5.2.1 创建 Function 对象

创建一个新的 Function 对象,使用 new 关键字直接调用 Function()构造函数就可以实现并返回一个函数。但是,使用 Function()构造函数创建的函数只能在全局作用域中运行。语法格式:

```
new Function([参数1[, ...参数n],],函数体)
```

5.2.2 Function 对象常用属性

Function 对象是 JavaScript 常用对象之一,Function 对象常用属性如表 5-2 所示。

表 5-2 Function 对象常用属性

属性	描述
arguments	函数参数
callee	引用的是当前被调用的函数对象
caller	调用当前函数的函数
constructor	创建该对象的构造函数
length	参数个数

5.2.3 Function 对象常用方法

Function 对象常用方法如表 5-3 所示。

表 5-3 Function 对象常用方法

方法	描述
call()	调用当前 Function 对象,可同时改变函数内的 this 指针引用,函数参数分别传入
apply()	调用当前 Function 对象,可同时改变函数内的 this 指针引用,函数参数以数组或 arguments 对象的形式传入
toString()	返回定义该 Function 对象的字符串
valueOf()	返回 Function 对象本身

5.3 Array 对象

JavaScript 中的 Array 对象非常强大。一个数组中可以存储多种数据类型的值。下面我们来了解 Array 对象的创建、常用方法及常用属性。

5.3.1 创建 Array 对象

Array 对象用于在变量中存储多个值，下标从 0 开始，一直到 length-1，创建 Array 对象的语法格式如下：

```
new Array();
new Array(size);
new Array(element0, element1, …, elementn);
```

5.3.2 Array 对象常用属性

Array 对象的属性在 JavaScript 中应用比较广泛。Array 对象常用属性如表 5-4 所示。

表 5-4 Array 对象常用属性

属性	描述
constructor	返回创建数组对象的原型函数
prototype	允许操作者向数组中添加属性或方法
length	返回数组的长度

【训练 5-6】Array 对象中 constructor 属性的使用。代码清单为 code5-6.html。

```html
<!DOCTYPE html>
<html lang="en">
<head>
<meta charset="UTF-8">
<meta http-equiv="X-UA-Compatible" content="IE=edge">
<meta name="viewport" content="width=device-width, initial-scale=1.0">
<title>Document</title>
</head>

<body>
<script>
    var test = new Array(); //输出：This is an Array
    if (test.constructor == Array) {
        alert("This is an Array");
    }
    if (test.constructor == Boolean) {
        document.write("This is a Boolean");
    }
    if (test.constructor == Date) {
        document.write("This is a Date");
    }
    if (test.constructor == String) {
        document.write("This is a String");
    }
    var fruits = ["apple", "banana", "orange"];
    // 设置数组长度
```

```
        fruits.length = 5;
        document.write(fruits);
        //输出：apple,banana,orange
        //返回元素的个数
        document.write(fruits.length);
        //输出：5
    </script>
</body>
```

在 JavaScript 对象中，prototype 是一个全局变量。语法格式：

Array.prototype.name=value

【训练 5-7】Array 对象中 prototype 属性的使用。代码清单为 code5-7.html。

```
<!DOCTYPE html>
<html lang="en">
<head>
<meta charset="UTF-8">
<meta http-equiv="X-UA-Compatible" content="IE=edge">
<meta name="viewport" content="width=device-width, initial-scale=1.0">
<title>Document</title>
</head>
<body>
<script>
    function people(name, grade) {
        this.name = name;
        this.grade = grade;
    }
    var alice = new people("Alice", 98);
    people.prototype.age = null;
    alice.age = 19;
    document.write(alice.age);
    //输出：19
</script>
</body>
```

5.3.3 Array 对象常用方法

在 JavaScript 中，数组是一种非常重要的数据类型，被广泛应用于开发项目中。Array 对象常用方法如表 5-5 所示。

表 5-5 Array 对象常用方法

方法	描述
concat()	连接两个或更多的数组，并返回结果（不改变原数组）
copyWithin()	从数组指定位置复制元素到数组另一个指定位置中（改变原数组）
every()	检测数组中的每个元素是否都满足条件
fill()	用一个固定值填充数组
filter()	返回数组中所有符合条件的元素组成的新数组（不改变原数组）

方法	描述
find()	返回符合传入函数条件的第一个数组元素
findIndex()	返回符合传入函数条件的数组元素下标
pop()	删除数组的最后一个元素,并返回该元素
push()	将新元素添加到数组的末尾,并返回新的长度
reverse()	反转数组中元素的顺序
shift()	删除数组的第一个元素,并返回该元素
unshift()	将新元素添加到数组的开头,并返回新的长度
splice()	向数组中添加元素或从数组中删除元素
toString()	将数组转换为字符串,并返回结果

【训练 5-8】Array 对象中 concat()方法的使用。代码清单为 code5-8.html。

```
<!DOCTYPE html>
<html lang="en">
<head>
    <meta charset="UTF-8">
    <meta http-equiv="X-UA-Compatible" content="IE=edge">
    <meta name="viewport" content="width=device-width, initial-scale=1.0">
    <title>Document</title>
</head>
<body>
    <script>
        var arr0=[1,2,"a",true];
        var arr1=["false",9,false];
        //输出: 1,2,a,true,false, 9,false,hello
        document.write(arr0.concat(arr1,"hello"));
        document.write(arr0);                            //输出: 1,2,a,true
    </script>
</body>
</html>
```

【案例 5-1】制作购物车

用户想要在某网站中添加一个简易购物车,实现商品购买。根据网页中给出的数据,对商品进行单选、全选、添加、删除等操作。

【案例分析】

根据本案例的描述,把所有的商品信息放在一个数组里,通过勾选商品,将商品信息体现在显示隐藏栏上,用选择语句设计单击"加号"按钮进行商品添加,单击"减号"按钮进行商品删除,遍历数组进行判断,将已选择商品添加到显示隐藏栏里,并以累加的方式计算出商品总额。

【解决方案】

(1) 编写 HTML 结构。代码清单为 shop.html。

```html
<!DOCTYPE html>
<html lang="en">
<head>
<meta charset="UTF-8">
    <title>Document</title>
<link rel="stylesheet" type="text/css" href="shop.css">
</head>
<body>
    <template id="temp">
        <tr>
            <td>
                <input type="checkbox" class="check" checked>
            </td>
            <td>
                {txt}
            </td>
            <td>{price}</td>
            <td>
                <span class="reduce">-</span><input class="text" value="1"><span class="add">+</span>
            </td>
            <td>{subtotal}</td>
            <td>
                <span class="del">删除</span>
            </td>
        </tr>
    </template>
    <div class="box" id="box">
        <table>
            <thead>
                <tr>
                    <th>
                        <label>
                            <input type="checkbox" class="checkAll check" checked>全选
                        </label>
                    </th>
                    <th>商品</th>
                    <th>单价</th>
                    <th>数量</th>
                    <th>小计</th>
                    <th>操作</th>
                </tr>
```

```html
                </thead>
                <tbody id="tbody">
                </tbody>
            </table>
        <div class="bottom" id="bottom">
            <aside>
            </aside>
            <label>
                <input type="checkbox" class="checkAll check" checked>
全选
            </label>
            <span class="delAll">全部删除</span>
            <div>已选商品:
                <span class="selected" id="num">3</span>件
            </div>
            <div>合计: ¥
                <span class="total" id="total">7000</span>
            </div>
        </div>
</div>
<script type="text/javascript" src="shop.js"></script>
</body>
</html>
```

(2) 编写 CSS 结构。代码清单为 shop.css。

```css
body {
    background-color: #bcdecf;
}
div.box {
    width: 700px;
    margin: 50px auto 0;
}
div.box table {
    border-collapse: collapse;
    width: inherit;
    text-align: center;
    background-color: #f6f6f6;
}
div.box table td, div.box th {
    border: 1px solid #999;
}
div.box th {
    height: 40px;
}
div.box table tbody {
    height: 50px;
}
```

```css
div.box table tbody tr span {
    cursor: default;
}
div.box table tbody tr td:nth-child(2) {
    vertical-align: middle;
}
div.box table tbody tr td:nth-child(4) span {
    display: inline-block;
    width: 15px;
    line-height: 30px;
    background-color: #666;
    color: #eee;
    vertical-align: middle;
}
div.box table tbody tr td:nth-child(4) input {
    width: 20px;
    height: 20px;
    outline: none;
    vertical-align: middle;
    text-align: center;
}
div.box table tbody tr td:nth-child(6) span {
    padding: 4px 10px;
    background-color: #999;
    color: white;
}
div.box div.bottom {
    padding: 15px 0;
    margin-top: 15px;
    height: 25px;
    background-color: white;
    display: flex;
    justify-content: space-between;
    position: relative;
}
div.box div.bottom span.delAll {
    cursor: default;
}
div.box div.bottom div.js {
    padding: 0 6px;
    background-color: #00A5FF;
    color: white;
    margin-right: 10px;
    cursor: default;
}
div.box div.bottom aside div {
    display: inline-block;
```

```css
        }
        div.box div.bottom aside div span {
            position: absolute;
            width: 50px;
            line-height: 20px;
            padding: 0 5px;
            background-color: rgba(255, 255, 255, .4);
            color: #333;
            font-size: 10px;
            margin-left: -60px;
            margin-top: 20px;
            transform: rotate(30deg);
            cursor: pointer;
        }
        div.box div.bottom aside  {
            height: 60px;
            vertical-align: middle;
        }
        div.box div.bottom aside {
            position: absolute;
            background-color: #0a74cb;
            width: 100%;
            top: -70px;
            padding: 5px;
            box-sizing: border-box;
            display: none;
        }
        div.box div.bottom aside.on {
            display: block;
        }
         div.box div.bottom aside:after {
            position: absolute;
            content: "";
            border: 10px solid transparent;
            border-top-color: #0a74cb;
            bottom: -19px;
            right: 280px;
        }
         div.box div.bottom a, div.box div.bottom a:visited {
            color: #0b97ff;
            text-decoration: none;
        }
```

（3）编写 JavaScript 脚本。代码清单为 shop.js。

```javascript
function $(exp) {//获取元素
var el;
if (/^#\w+$/.test(exp)) {
```

```javascript
        el = document.querySelector(exp);
    } else {
        el = document.querySelectorAll(exp);
    }
    return el;
}
var arr = [];/*表单的数据*/
arr[arr.length] = { txt: 'CASIO/卡西欧 EX-TR350', price: 1459.68 };
arr[arr.length] = { txt: 'Canon/佳能 PowerShot SX50 HS', price: 2880.55 };
arr[arr.length] = { txt: 'SONY/索尼 DSC-WX300', price: 1428.05 };
arr[arr.length] = { txt: 'FUJIFILM/富士 instax mini 25', price: 1640.60 };
var temp = $('#temp').innerHTML;
var tbody = $('#tbody');
arr.forEach(function (el) {//把数据插入 HTML 中
    tbody.innerHTML     +=     temp.replace(el.src).replace("{txt}", el.txt).replace("{price}", el.price)
        .replace("{subtotal}", el.price);
});
var trs = $('#tbody tr');
var box = $('#box');
var aside = $('#bottom aside')[0];
box.onclick = function (ev) {
//利用事件冒泡的原理,把事件添加给父级 box
    var e = ev || event;
    var target = e.target || e.srcElement;//获取当前单击对象
    var cls = target.className;
    if (cls.indexOf("check") != -1) cls = 'check';
    switch (cls) {
        case 'add'://添加商品数量
            var tr = target.parentNode.parentNode;//找到单击过的那一行
            var tds = tr.cells;
            target.previousSibling.value++;//数量一栏的数字加 1
            tds[4].innerText=(tds[2].innerText*target.previousElementSibling.value).toFixed(2);
            //修改小计里面的价格
            break;
        case 'reduce'://减少商品数量
            var tr = target.parentNode.parentNode;//找到单击过的那一行
            var tds = tr.cells;
            if (target.nextElementSibling.value != 1) target.nextElementSibling.value--;
            //数量一栏中的数字减 1
            tds[4].innerText = (tds[2].innerText * target.nextElementSibling.value).toFixed(2);
            //修改小计里面的价格
            break;
        case 'text'://直接修改数量一栏中的值
```

```javascript
            var tr = target.parentNode.parentNode;
            var tds = tr.cells;
            target.onblur = function () {//失去焦点时执行
                tds[4].innerText = (tds[2].innerText * this.value).toFixed(2);
                this.onblur = null;//销毁事件
            };
            break;
        case 'del': //删除商品
            var tr = target.parentNode.parentNode;
            if (confirm('你确定要删除吗？'))
                tbody.removeChild(tr);
            break;
        case 'check'://通过复选框选择商品
            chk(target);//执行复选框函数
            break;
        case 'delAll'://删除全部商品
            if (confirm('你确定要删除吗？'))
                tbody.innerHTML = '';
            break;
        case 'show'://显示、隐藏商品
            aside.classList.toggle('on');
            break;
        case 'cancel':
            var index = target.getAttribute('data-index');
            trs[index].cells[0].children[0].checked = false;
    }
    total();//计算价格
};
var total_all = $('#total');
var num = $('#num');
total();
function total() {//计算价格
    var sum = 0, number = 0;
    trs = $('tbody tr');
    var str = '';
    trs.forEach(function (tr, i) {
        //遍历每一行数据进行判断，将已选择商品添加到显示隐藏栏中
        var tds = tr.cells;
        if (tds[0].children[0].checked) {
            sum += parseFloat(tds[4].innerText);
            number += parseInt(tds[3].children[1].value);
            str += `<div><span class="cancel" data-index="${i}">取消选择</span></div>`;
        }
        total_all.innerText = sum.toFixed(2);
        num.innerText = number;
        aside.innerHTML = str;
```

```
    })
}
var checkAll = $('#box .checkAll');
function chk(target) {//复选框判断
    var cls = target.className;
    var flag = true;
    if (cls === 'check') {//勾选非全选复选框
        /*当存在一个复选框未被勾选时,"全选"复选框为false*/
        for (var i = 0; i < trs.length; i++) {
            var checkbox = trs[i].cells[0].children[0];
            if (!checkbox.checked) {
                flag = false;
                break
            }
        }
        checkAll[0].checked = checkAll[1].checked = flag;
    } else {//勾选"全选"复选框,所有复选框的状态保持一致
        for (var i = 0; i < trs.length; i++) {
            var checkbox = trs[i].cells[0].children[0];
            checkbox.checked = target.checked;
        }
        checkAll[0].checked = checkAll[1].checked = target.checked;
    }
}
```

运行结果如图 5-1 所示。

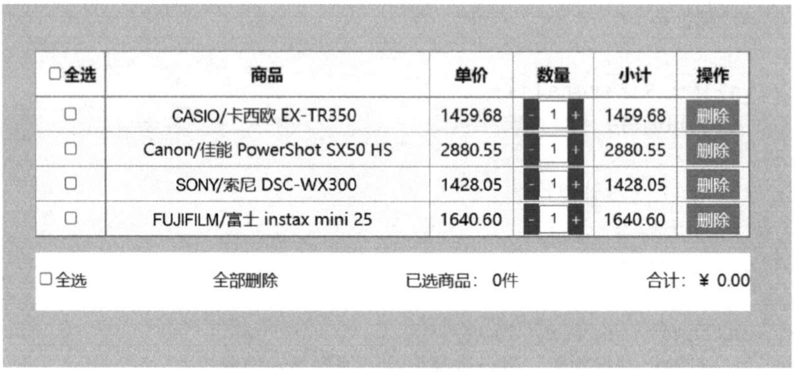

□全选	商品	单价	数量	小计	操作
□	CASIO/卡西欧 EX-TR350	1459.68	- 1 +	1459.68	删除
□	Canon/佳能 PowerShot SX50 HS	2880.55	- 1 +	2880.55	删除
□	SONY/索尼 DSC-WX300	1428.05	- 1 +	1428.05	删除
□	FUJIFILM/富士 instax mini 25	1640.60	- 1 +	1640.60	删除
□全选	全部删除	已选商品:0件		合计:￥0.00	

图 5-1　购物车效果图

5.4　String 对象

String 对象就是和原始数据类型中的 String 类型相对应的 JavaScript 脚本内置对象(可以类比 Java 基本数据类型和基本数据类型封装类的概念)。在 JavaScript 中,String 对象十分常见。JavaScript 提供了丰富的属性、方法支持,便于开发者灵活高效地操作 String 对象。

5.4.1 创建 String 对象

使用关键字 new 创建 String 对象的语法格式如下：

```
var MyStr = new String();
var MyStr = new String(str);
```

5.4.2 String 对象常用属性

String 对象提供了检索元素的属性，具体如表 5-6 所示。

表 5-6 String 对象常用属性

属性	描述
constructor	对创建该对象的函数的引用
length	字符串的长度
prototype	向对象添加属性和方法

length 属性用于存储目标字符串所包含的字符数，为只读属性。

【训练 5-9】String 对象中 length 属性的使用。代码清单为 code5-9.html。

```html
<!DOCTYPE html>
<html lang="en">
<head>
    <meta charset="UTF-8">
    <meta http-equiv="X-UA-Compatible" content="IE=edge">
    <meta name="viewport" content="width=device-width, initial-scale=1.0">
    <title>Document</title>
</head>
<body>
    <script>
        function StringLength() {
            var MyString = new String("Hello World!");
            var msg = "The length of string is : ";
            msg += MyString.length;
            alert(msg);
        }
        StringLength()
    </script>
</body>
</html>
```

5.4.3 String 对象常用方法

String 对象提供了字符串的检索、抽取、拼接、分割等操作。String 对象常用方法如表 5-7 所示。

表 5-7 String 对象常用方法

方法	描述
toLowerCase()	小写字母转换
toUpperCase()	大写字母转换
replace()	字符串替换
match()	字符串匹配
concat()	字符串拼接
split()	字符串分割
indexOf()	字符串检索

1. 大写字母转换 toUpperCase()

toUpperCase()方法用于将字符串中所有的小写字母转换为对应的大写字母。

【训练 5-10】String 对象中 toUpperCase()方法的使用。代码清单为 code5-10.html。

```
<!DOCTYPE html>
<html lang="en">
<head>
    <meta charset="UTF-8">
    <meta http-equiv="X-UA-Compatible" content="IE=edge">
    <meta name="viewport" content="width=device-width, initial-scale=1.0">
    <title>Document</title>
</head>
<body>
    <script>
        function StringMethod() {
          var MyString = new String("Hello World!");
          MyString = MyString.toUpperCase();
          alert(MyString);
        }
        StringMethod()
    </script>
</body>
</html>
```

2. 字符串替换 replace()

replace(regexp/substr,replacement)方法将 regexp/substr 处的正则表达式或字符串直接替换为 replacement。

【训练 5-11】String 对象中 replace()方法的使用。代码清单为 code5-11.html。

```
<!DOCTYPE html>
<html lang="en">
<head>
    <meta charset="UTF-8">
    <meta http-equiv="X-UA-Compatible" content="IE=edge">
    <meta name="viewport" content="width=device-width, initial-scale=1.0">
    <title>Document</title>
```

```
</head>
<body>
    <script>
        function StringMethod() {
          var MyString = new String("Hello World!");
          MyString = MyString.replace("World", "Beijing");
          alert(MyString);
        }
        StringMethod()
    </script>
</body>
</html>
```

5.5 Boolean 对象

在 JavaScript 中,布尔类型是一种基本的数据类型。Boolean 对象是一个用于将布尔值打包的布尔对象。

5.5.1 创建 Boolean 对象

Boolean 对象使用 Boolean()构造函数来创建,下面通过以下语句来介绍 Boolean 对象的使用。

```
new Boolean(value); //构造函数
Boolean(value); //转换函数
```

参数 value 是由 Boolean 对象存放的值或者要转换成布尔值的值。

当布尔类型作为一个构造函数(带关键字 new)被调用时,Boolean()将把它的参数转换成一个布尔值,并且返回一个包含该值的 Boolean 对象。当布尔类型作为一个函数(不带关键字 new)被调用时,Boolean()只将它的参数转换成一个原始的布尔值,并且返回这个值,但是如果省略 value 参数,或者将该参数设置为 0、-0、null、""、false、undefined、NaN,则 Boolean()返回 false,否则返回 true(即使 value 参数是字符串"false")。

5.5.2 Boolean 对象常用属性

Boolean 对象在实际环境中应用较少。Boolean 对象常用属性如表 5-8 所示。

表 5-8 Boolean 对象常用属性

属性	描述
constructor	返回对创建该对象的 Boolean()构造函数的引用
prototype	向对象添加属性和方法

5.5.3 Boolean 对象常用方法

布尔类型重写了 valueOf()、toLocaleString()和 toString()方法。valueOf()方法返回 Number

对象表示的原始数值，另外两个方法返回数值字符串。toString()方法可选地接收一个表示基数的参数，并返回相应基数形式的数值字符串。Boolean 对象常用方法如表 5-9 所示。

表 5-9 Boolean 对象常用方法

方法	描述
toString()	把布尔值转换为数值字符串，并返回结果
valueOf()	返回该对象的原始数值
toSource()	返回该对象的源代码

【训练 5-12】toString()和 valueOf()方法的使用。代码清单为 code5-12.html。

```html
<!DOCTYPE html>
<html lang="en">
<head>
    <meta charset="UTF-8">
    <meta http-equiv="X-UA-Compatible" content="IE=edge">
    <meta name="viewport" content="width=device-width, initial-scale=1.0">
    <title>Document</title>
</head>
<body>
    <script>
        var array = ["CodePlayer", true, 12, -5];
        console. log( array.toString());
        var d = new Date(2016,9,2);
        console.log(d.valueOf())
    </script>
</body>
</html>
```

5.6 Number 对象

JavaScript 中的 Number 是原始数据类型，此外还存在 Number 对象类型（JavaScript 提供的 Number 的包装类）。JavaScript 引擎会在通过"."符号引用数字变量的属性 value 时，为其自动创建一个临时的 Number 实例来对 value 进行包装，以便使用 Number 类型的方法。需要注意的是，不能通过数字直接量+"."的形式来创建临时的包装对象。

5.6.1 创建 Number 对象

Number 是对应数值的原始数据类型。要创建一个 Number 对象，需要使用 Number()构造函数并传入一个数值，示例如下：

```
let numberObject = new Number(10);
```

5.6.2 Number 对象常用属性

Number 对象是原始数值的包装对象，其常用属性如表 5-10 所示。

表 5-10 Number 对象常用属性

属性	描述
constructor	返回对创建该对象的 Number()构造函数的引用
MAX_VALUE	可表示的最大数
MIN_VALUE	可表示的最小数
NEGATIVE_INFINITY	负无穷大，溢出时返回该值
NaN	非数字值
POSITIVE_INFINITY	正无穷大，溢出时返回该值
prototype	向对象添加属性和方法

5.6.3 Number 对象常用方法

与布尔类型一样，Number 类型重写了 valueOf()、toLocaleString()和 toString()方法。Number 对象常用方法如表 5-11 所示。

表 5-11 Number 对象常用方法

方法	描述
toString()	把数字转换为字符串，使用指定的基数
toLocaleString()	按照本地数字格式顺序把数字转换为字符串
toFixed()	把数字转换为字符串，结果的小数点后有指定位数的数字
valueOf()	返回一个 Number 对象的基本数字值

【训练 5-13】 Number 对象中 String()方法的使用。代码清单为 code5-13.html。

```html
<!DOCTYPE html>
<html lang="en">
<head>
    <meta charset="UTF-8">
    <meta http-equiv="X-UA-Compatible" content="IE=edge">
    <meta name="viewport" content="width=device-width, initial-scale=1.0">
    <title>Document</title>
</head>
<body>
    <script>
        let num = 10;console.log(num.toString()); // "10"
        console.log(num.toString(2)); // "1010"
        console.log(num.toString(8)); // "12"
        console.log(num.toString(10)); // "10"
        console.log(num.toString(16)); // "a"
    </script>
</body>
</html>
```

5.7 Date 对象

Date 对象提供了许多处理日期和时间的方法，方便开发者在开发过程中简单、快捷地操作日期和时间。

5.7.1 创建 Date 对象

JavaScript 中的 Date 对象需要使用 new Date()实例化后才能使用，Date()是 Date 对象的构造函数。在创建 Date 对象时，可以为构造函数传入一些参数来表示具体的日期，其创建方式如下：

```
var d1 = new Date();
var d2 = new Date(milliseconds);
var d3 = new Date(dateString);
var d4 = new Date(year, month, day, hours, minutes, seconds, milliseconds);
```

5.7.2 Date 对象常用属性

Date 对象的属性与其他对象的属性大体相同，如表 5-12 所示。

表 5-12　Date 对象常用属性

属性	描述
constructor	返回创建 Date 对象的原型函数
prototype	向对象添加属性和方法

5.7.3 Date 对象常用方法

在获取 Date 对象后，直接输出对象得到的是一个表示日期和时间的字符串。如果想要用其他格式来表示这个日期和时间，可以通过调用 Date 对象的相关方法来实现。Date 对象的常用方法分为 get 和 set 两大类，如表 5-13 和表 5-14 所示。

表 5-13　Date 对象的 get 方法

方法	描述
getFullYear()	以四位数字返回年份
getMonth()	返回月份（0～11）
getDate()	根据世界时返回一月中的某一天（1～31）
getDay()	返回一周中的某一天（0～6）
getHours()	返回小时（0～23）
getMinutes()	返回分钟（0～59）
getSeconds()	返回秒（0～59）
getMilliseconds()	根据世界时返回毫秒（0～999）
getTime()	返回 1970 年 1 月 1 日至今的毫秒

表 5-14　Date 对象的 set 方法

方法	作用
setFullYear()	设置年份（四位数字）
setMonth()	设置月份（0~11）
setDate()	设置月份的某一天（1~31）
setDay()	设置一周中的某一天（0~6）
setHours()	设置小时（0~23）
setMinutes()	设置分钟（0~59）
setSeconds()	设置秒（0~59）
setMilliseconds()	根据世界时设置毫秒（0~999）
setTime()	以毫秒设置 Date 对象

【训练 5-14】Date 对象中方法的使用。代码清单为 code5-14.html。

```html
<!DOCTYPE html>
<html lang="en">
<head>
    <meta charset="UTF-8">
    <meta http-equiv="X-UA-Compatible" content="IE=edge">
    <meta name="viewport" content="width=device-width, initial-scale=1.0">
    <title>Document</title>
</head>
<body>
    <script>
        var date = new Date();
        var year = date.getFullYear();
        var month = date.getMonth();
        var day =date.getDate();
        var week = ['星期日','星期一','星期二','星期三','星期四','星期五','星期六'];
        console.log('今天是'+year+'年'+month+'月'+day+'日'+week[date.getDay()]);
    </script>
</body>
</html>
```

【案例 5-2】在页面中动态显示系统时间

为某页面制作一个电子时钟，该时钟需要根据当前时间在页面中显示客户端系统时间。

【案例分析】

在页面中动态显示系统时间是一种常见的网页设计。根据本案例的描述，使用 Date 对象的方法获取系统时间，并通过间隔定时器 setTimeout() 动态获取时间，此处设置为 500 毫秒（0.5 秒）获取一次时间。

【解决方案】

(1) 编写 HTML 结构。代码清单为 time.html。

```html
<!DOCTYPE html>
<html lang="en">
<head>
<meta http-equiv="Content-Type" content="text/html" ; charset="UTF-8" />
<title>制作简易电子时钟</title>
<link rel="stylesheet" type="text/css" href="time.css">
</head>
<!--在<body>标签中调用 JavaScript 中的 startTime()方法,实现打开页面就显示当前日期和时间的效果-->
<body onload="startTime()">
<script src="time.js"></script>
<!--封装整个显示日期区域-->
<div class="date">
  <!--显示当前日期-->
  <div id="time1"></div>
  <!--显示当前北京时间-->
  <div id="time2"></div>
</div>
</body>
</html>
```

(2) 编写 CSS 样式。代码清单为 time.css。

```css
* {
margin:0px;
padding:0px;
outline:none;
}
body {
    background-color:#0E0E0E;
overflow:hidden;
}
.date {
width:860px;
height:250px;
border:1px solid #FFFFFF;
margin:auto;
margin-top:200px;
color:#FFFFFF;
}
#time1 {
    width:860px;
    height:100px;
    margin:auto;
    font-size:75px;
```

```css
    text-align:center;
}
#time2 {
    font-size:125px;
    text-align:center;
}
```

（3）编写 JavaScript 脚本。代码清单为 time.js。

```javascript
function startTime()//显示日期的方法
{
var today = new Date();//创建 Date 对象
var n = today.getFullYear();//获取当前时间的年份
var m = today.getMonth();//获取当前时间的月份
var d = today.getDate();//获取当前时间的日
var h = today.getHours();//获取当前时间的小时
var f = today.getMinutes();//获取当前时间的分钟
var s = today.getSeconds();//获取当前时间的秒
document.getElementById('time1').innerHTML = +" " + n + "-" + (m + 1) + "-" + checkTime(d);
f = checkTime(f);
s = checkTime(s);
document.getElementById('time2').innerHTML = h + ":" + f + ":" + s;
t = setTimeout('startTime()', 500); //设定每0.5秒执行一次 startTime()方法
}
function checkTime(i)//日期校验函数
{
if (i < 10) {
    return i = "0" + i;
}
else {
    return i;
}
}
```

运行结果如图 5-2 所示。

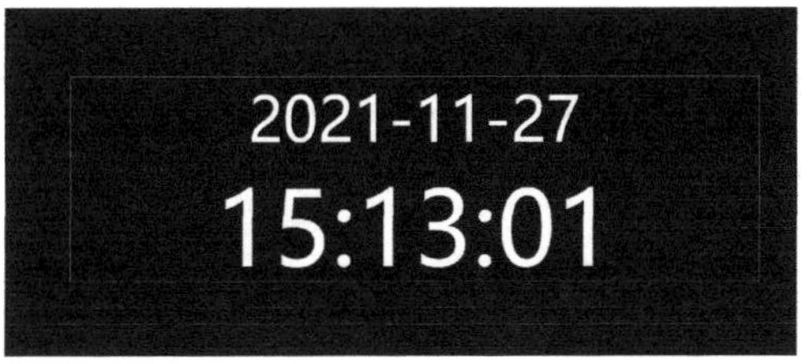

```
2021-11-27
15:13:01
```

图 5-2 在页面中动态显示系统时间

5.8 RegExp 对象

RegExp 类型是 ECMAScript 支持的正则表达式的接口，是描述字符模式的对象。

5.8.1 认识正则表达式

RegExp 是 Regular Expression（正则表达式）的缩写，它是对字符串进行模式匹配的强大工具。RegExp 对象使用单个字符串来描述、匹配一系列符合某个句法规则的字符串。

5.8.2 创建 RegExp 对象

正则表达式有两种构造方式：一种是正则表达式字面量；另一种是构造函数方式。

1. 正则表达式字面量

正则表达式字面量可以通过在一对分隔符之间放入表达式模式的各种组件来构造一个正则表达式。语法格式：

```
var re = /pattern/flags;
```

参数说明如下：
（1）pattern（模式）描述了表达式的模式。
（2）flags（修饰符标志）是决定正则表达式的动作参数，是一个可选的修饰性标志，其包含的参数如表 5-15 所示。

表 5-15 flags 标志包含的参数

修饰符	描述
i	表示匹配时不区分字母大小写
g	表示可以进行全局匹配
m	表示可以进行多行匹配

使用不同模式和修饰符可以构造出各种正则表达式，以正则表达式字面量创建 RegExp 对象。例如：

```
var re1 = /at/g;          // 匹配字符串中的所有"at"
var re2 = /[bc]at/i;      // 匹配第一个"bat"或"cat"，忽略字母大小写
var re3 = /.at/gi;        // 匹配所有以"at"结尾的三个字符组合，忽略字母大小写
```

2. 构造函数方式

使用构造函数方式构造正则表达式的语法格式：

```
var re = new RegExp(pattern,flags);
```

其中，模式和修饰符标志与上面正则表达式字面量中定义的含义相同，示例如下：

```
var re = new RegExp("dog","i");
```

5.8.3 正则表达式中的特殊字符

从规范上来说，表达式的模式分为简单模式和复合模式。简单模式只能匹配具体的事物，如果要匹配一个邮箱地址或一个电话号码，就不能使用简单模式，这时就要用到复合模式。复合模式是指使用特殊字符（也称通配符）来进行表达的模式，例如：

```
var re = /\w+/;
```

其中，\w 和+都是特殊字符。下面着重介绍正则表达式中常用的特殊字符及其含义，

如表 5-16 所示。

表 5-16　正则表达式中常用的特殊字符及其含义

特殊字符	含义
[abc]	查找方括号中的任何字符
[^abc]	查找任何不在方括号中的字符
[0-9]	查找任何从 0~9 的数字
[a-z]	查找任何从小写 a 到小写 z 的字符
[A-Z]	查找任何从大写 A 到大写 Z 的字符
[A-z]	查找任何从大写 A 到小写 z 的字符
\	转义字符，即通常在 "\" 后面的字符不按原来的意义解释，如/b/匹配字符 b，当 b 前面加了反斜杠 (\b/) 后，转义为匹配一个单词的边界。 另一个作用是对正则表达式功能字符的还原，如*匹配它前面的元字符 0 次或多次，/a*/匹配 a,aa,aaa，加了 "\" 后，/a*/只匹配 a*
^	匹配一个输入或一行的开头，/^a/匹配 an A，而不匹配 An a
$	匹配一个输入或一行的结尾，/a$/匹配 An a，而不匹配 an A
*	匹配前面的元字符 0 次或多次，/ba*/匹配 b,ba,baa,baaa
+	匹配前面的元字符 1 次或多次，/ba*/匹配 ba,baa,baaa
?	匹配前面的元字符 0 次或 1 次，/ba*/匹配 b,ba
(x)	匹配 x 并将其保存到$1...$9 静态属性中
x|y	匹配 x 或 y
{n}	精确匹配 n 次
{n,}	匹配 n 次以上
{n,m}	匹配 n~m 次
[\b]	匹配一个退格符
\b	匹配一个单词的边界
\B	匹配一个单词的非边界
\cX	X 是一个控制符，/\cM/ 匹配字符串中的 Ctrl-M
\d	匹配一个数字字符，/\d/ = /[0-9]/
\D	匹配一个非数字字符，/\D/ = /[^0-9]/
\n	匹配一个换行符
\r	匹配一个回车符
\s	匹配一个空白字符，包括\n,\r,\f,\t,\v 等
\S	匹配一个非空白字符，等于/[^\n\f\r\t\v]/
\t	匹配一个制表符
\v	匹配一个垂直制表符
\w	匹配一个可以组成单词的字符（alphanumeric，这是编者的意译，含数字），包括下画线，如[\w]匹配"$5.98"中的 5，等价于[a-zA-Z0-9]
\W	匹配一个不可以组成单词的字符，如[\W]匹配"$5.98"中的$,等价于[^a-zA-Z0-9]

特殊字符的使用示例如下：

```
var reg = /\(?0\d{2}[) -]?\d{8}/
```

在 reg 表达式中，"("是元字符，所以需要进行转义，"?"表示匹配 0 次或 1 次，"0\d{2}"表示以 0 开头的 3 位数字，") -]?"表示")"或"-"出现 0 次或 1 次，"\d{8}"表示 8 位数字。这个表达式可以匹配不同格式的电话号码，如（010）88886666、022-22334455 或 02912345678 等。

5.8.4　RegExp 对象常用属性

每个 RegExp 对象都有如表 5-17 所示的属性，用于提供有关模式的各方面信息。

表 5-17　RegExp 对象常用属性

属性	描述
constructor	返回一个函数，该函数是一个创建 RegExp 对象的原型
global	判断是否设置了 g 修饰符
ignoreCase	判断是否设置了 i 修饰符
lastIndex	用于规定下次匹配的起始位置
multiline	判断是否设置了 m 修饰符
source	返回正则表达式的匹配模式

5.8.5　RegExp 对象常用方法

RegExp 对象常用方法如表 5-18 所示。

表 5-18　RegExp 对象常用方法

方法	描述
compile()	编译正则表达式
exec()	检索字符串中指定的值，返回找到的值，并确定其位置
test()	检索字符串中指定的值，返回 true 或 false
toString()	返回正则表达式的字符串

【训练 5-15】RegExp 对象中方法的使用。代码清单为 code5-15.html。

```html
<!DOCTYPE html>
<html lang="en">
<head>
    <meta charset="UTF-8">
    <meta http-equiv="X-UA-Compatible" content="IE=edge">
    <meta name="viewport" content="width=device-width, initial-scale=1.0">
    <title>Document</title>
</head>
<body>
    <script>
        var myString="这是第一个正则表达式的例子";
        var myregex=new RegExp("一个");//创建正则表达式
        if(myregex.test(myString)){
            alert("找到了指定的模式！");
        }else
{
            alert("未找到指定的模式！");
        }
    </script>
```

```
        </body>
</html>
```

【案例 5-3】验证注册页面信息

通常使用正则表达式验证注册页面信息。某网站开发人员想要制作一个用户注册页面。用户需要输入用户名、密码、邮箱进行注册。该页面需要对用户输入的信息进行验证。

【案例分析】

在开发 HTML 表单时注册页面经常会对用户输入的信息进行验证，用户名由 6~18 位数字、字母或下画线组成，密码由 6~20 位数字、字母或符号组成，邮箱地址要包含"@"符号和"."符号，且"."符号在"@"符号之后，两个符号之间至少有一个字符，以.com 或.cn 结束。定义满足需求的正则表达式，验证用户输入的信息是否正确，根据判断返回相应的信息。

【解决方案】

（1）编写 HTML 结构。代码清单为 input.html。

```
<!DOCTYPE html>
<html lang="en">
<head>
<meta charset="UTF-8">
<title>用户注册页面</title>
<link rel="stylesheet" type="text/css" href="input.css">
</head>
<body>
<script src="input.js"></script>
<form id="forms" method="post" action="#">
    <!-- 头部 -->
    <header>--用户信息--</header>
    <!-- 内容 -->
    <section>
        <div>
            <label>用户名：</label>
            <input type="text" id="userName" name="userName" placeholder="用户名设置成功后不可修改" />
            <span></span>
            <p></p>
        </div>
        <div>
            <label>登录密码：</label>
            <input type="password" id="password" placeholder="6-20 位字母、数字或符号" />
            <span></span>
```

```html
            <p></p>
        </div>
        <div>
            <label>确认密码：</label>
            <input type="password" id="passwordTwos" placeholder="请再次输入密码" />
            <span></span>
            <p></p>
        </div>
        <div>
            <label>邮箱：</label>
            <input type="email" id="mailbox" placeholder="请输入正确的邮箱格式" />
            <span></span>
            <p></p>
        </div>
    </section>
    <!-- 结尾 -->
    <footer>
        <hr />
        <input id="choose" type="checkbox" />
        <label for="choose">我已阅读并同意遵守规定</label>
        <input class="btn" type="submit" value="确认提交" />
    </footer>
</form>
</body>
</html>
```

（2）编写 CSS 结构。代码清单为 input.css。

```css
/*内外边距*/
*{
margin: 0;
padding: 0;
}
/*背景颜色*/
body{
background-color: #f2f2f2;
}
/*宽，外边距，外边框圆角，背景颜色，盒子阴影*/
form{
width: 1200px;
margin: 50px auto;
border-radius: 10px;
background-color: #fff;
box-shadow: 0px 0px 5px 5px #ccc;
}
/*宽，高，背景颜色，外边框圆角，字体颜色，字体大小，行高，文本居中，加粗，字符间距*/
```

```css
header{
width: 1200px;
height: 50px;
background-color: #7B68EE;
border-radius: 10px 10px 0 0;
color: #fff;
font-size: 20px;
line-height: 50px;
text-align: center;
font-weight: bold;
letter-spacing: 10px;
}
/*高,宽,左边距,相对定位*/
div{
height: 120px;
width: 1200px;
margin-left: 50px;
position: relative;
}
/*加粗,字体大小,绝对定位,上边*/
div>label{
font-weight: bold;
font-size: 18px;
position: absolute;
top: 50px;
}
/*在前面添加文本,字体颜色*/
div>label::before{
content: '* ';
color: #00f;
}
/*宽,高,绝对定位,右边,上边,外边框圆角,边框,内边距*/
div>input{
width: 595px;
height: 40px;
position: absolute;
right: 420px;
top: 40px;
border-radius: 5px;
border: 1px solid #ccc;
padding-left: 5px;
}
/*清除激活后的边框,盒子阴影,过渡事件*/
div>input:focus{
outline: none;
box-shadow: 0px 0px 8px 3px #7B68EE;
transition-duration: 0.5s;
```

```css
}
/*宽，高，下边框，行高，内边距，绝对定位，字体大小，上边*/
div>p{
width: 60%;
height: 30px;
border-bottom: .5px solid #7B68EE;
line-height: 30px;
padding-left: 15px;
position: absolute;
font-size: 14px;
top: 86px;
}
/*绝对定位，左边，行高*/
div>span{
position: absolute;
left: 790px;
line-height: 120px;
}
/*上边距，高，文本居中，行高*/
footer{
margin-top: 20px;
height: 50px;
text-align: center;
line-height: 50px;
}
/*外边距，小手*/
footer>label{
margin: 0 10px;
cursor:pointer;
}
/*宽，高，背景颜色，外边框圆角，边框，字体颜色，字体大小，小手*/
footer>.btn{
width: 120px;
height: 30px;
background-color: #6495ED;
border-radius: 5px;
border: none;
color: #fff;
font-size: 14px;
cursor:pointer;
}
```

（3）编写 JavaScript 脚本。代码清单为 input.js。

```javascript
window.onload = function () {
var btn = document.getElementById('btn');//"确认提交"按钮
var p = document.getElementsByTagName('p');//文字提示标签数组
```

```javascript
var span = document.getElementsByTagName('span');//文字提示标签数组
var forms = document.getElementById('forms');//表单
var choose = document.getElementById('choose');//复选框
var userName = document.getElementById('userName');//用户名
var password = document.getElementById('password');//登录密码
var passwordTwos = document.getElementById('passwordTwos');//确认密码
var mailbox = document.getElementById('mailbox');//邮箱
//正则表达式
var reg1 = /^[\w]{6,18}$/,//用户名,6-18位数字、字母或下画线
    reg2 = /^[\W\da-zA-Z_]{6,20}$/,//密码,6-20位数字、字母或符号
    reg3 = /^[a-z1-9](?:\w|\-)+@[a-z\d]+\.[a-z]{2,4}$/i;
//校验
var n1 = false,
    n2 = false,
    n3 = false,
    n4 = false;
//当"用户名"文本框获得焦点时
userName.onfocus = function () {
    span[0].innerHTML = '请输入6-18位数字、字母或下画线';
    span[0].style.color = 'green';
}
//当"用户名"文本框失去焦点时
userName.onblur = function () {
    if (this.value == '') {
        span[0].innerHTML = '用户名不能为空!';
        span[0].style.color = 'red';
    } else if (!reg1.test(this.value)) {
        span[0].innerHTML = '请输入6-18位数字、字母或下画线';
        span[0].style.color = 'red';
    } else {
        span[0].innerHTML = '格式正确!';
        span[0].style.color = 'green';
        return n1 = true;
    }
}
//当"登录密码"文本框获得焦点时
password.onfocus = function () {
    span[1].innerHTML = '请输入6-20位数字、字母或符号';
    span[1].style.color = 'green';
}
//当"登录密码"文本框失去焦点时
password.onblur = function () {
    if (this.value == '') {
        span[1].innerHTML = '密码不能为空!';
        span[1].style.color = 'red';
    } else if (!reg2.test(this.value)) {
```

```javascript
            span[1].innerHTML = '请输入 6-20 位数字、字母或符号';
            span[1].style.color = 'red';
        } else {
            span[1].innerHTML = '格式正确!';
            span[1].style.color = 'green';
            return n2 = true;
        }
    }
    //当"确认密码"文本框获得焦点时
    passwordTwos.onfocus = function () {
        span[2].innerHTML = '请确认两次输入的密码是否一致';
        span[2].style.color = 'green';
    }
    //当"确认密码"文本框失去焦点时
    passwordTwos.onblur = function () {
        if (this.value == '') {
            span[2].innerHTML = '确认密码不能为空!';
            span[2].style.color = 'red';
        } else if (this.value != password.value) {
            span[2].innerHTML = '两次输入的密码不相同';
            span[2].style.color = 'red';
        } else {
            span[2].innerHTML = '确认密码正确!';
            span[2].style.color = 'green';
            return n3 = true;
        }
    }
    //当"邮箱"文本框获得焦点时
    mailbox.onfocus = function () {
        span[3].innerHTML = '请输入您的邮箱';
        span[3].style.color = 'green';
    }
    //当"邮箱"文本框失去焦点时
    mailbox.onblur = function () {
        if (this.value == '') {
            span[3].innerHTML = '邮箱不能为空';
            span[3].style.color = 'red';
        } else if (!reg3.test(this.value)) {
            span[3].innerHTML = '邮箱格式不对';
            span[3].style.color = 'red';
        } else {
            span[3].innerHTML = '格式正确!';
            span[3].style.color = 'green';
            return n4 = true;
        }
    }
```

```
//"确认提交"按钮
forms.onsubmit = function () {
    //变量判断
    var regs = n1 == false || n2 == false || n3 == false || n4 == false;
    console.log(regs);
    if (!regs == false) {
        alert('您填写的信息有误!');
        return false;
    } else if (choose.checked == false) {
        alert('请先勾选"我已阅读并同意遵守规定"复选框!');
        return false;
    } else {
        alert('注册成功!');
        window.open("o.html");
        return true;
    }
}
}
```

运行结果如图 5-3 所示。

图 5-3　验证注册页面信息

5.9　Math 对象

Math 对象是一个固有对象，用于提供基本数学函数和常数。前端开发人员必须了解 Math 对象的属性和方法。

5.9.1 Math 对象常用属性

Math 对象用于对数字进行与数学相关的运算，该对象不是构造函数，不需要进行实例化。开发人员可以直接使用其静态属性和静态方法。Math 对象常用属性如表 5-19 所示。

表 5-19 Math 对象常用属性

属性	描述
E	返回欧拉数（约 2.718）
LN2	返回 2 的自然对数（约 0.693）
LN10	返回 10 的自然对数（约 2.302）
LOG2E	返回 E 的以 2 为底的对数（约 1.442）
LOG10E	返回 E 的以 10 为底的对数（约 0.434）
PI	返回 PI（约 3.14）
SQRT1_2	返回 1/2 的平方根（约 0.707）
SQRT2	返回 2 的平方根（约 1.414）

5.9.2 Math 对象常用方法

Math 对象的方法是十分有用的数学方法。其常用方法如表 5-20 所示。

表 5-20 Math 对象常用方法

方法	描述
ceil(x)	返回 x，向上舍入为最接近的整数
floor(x)	返回 x，向下舍入为最接近的整数
min(x, y, z, ..., n)	返回最小值
max(x, y, z, ..., n)	返回最大值
pow(x, y)	返回 x 的 y 次幂值
round(x)	将 x 舍入为最接近的整数
sqrt(x)	返回数的平方根
random()	0～1 的随机数

【案例 5-4】制作随机抽奖效果页面

某商场想要制作一个随机抽奖效果页面，要求在 100 个顾客中，单击"开始"按钮，随机抽取 1 个顾客号，单击"停止"按钮在页面中显示该顾客号。

【案例分析】

随机选号是一种常见的网页设计效果。在本案例中，需要调用 Math 对象的 random() 方法产生 1～100 的随机整数，并在页面中显示。当单击"开始"按钮时使用定时函数每隔 60 毫秒产生一个随机整数，当单击"停止"按钮时清除定时函数。最后将结果输出到页面中。

【解决方案】

(1) 编写 HTML 结构。代码清单为 math.html。

```html
<!DOCTYPE html>
<html lang="zh">
<head>
<title>幸运抽奖</title>
<link rel="stylesheet" type="text/css" href="math.css">
</head>
<body>
<script src="math.js"></script>
<button onClick="timer=setInterval(testTime,60);" value="" style="width:100px;height:30px">开始</button>           
<button onClick="clearInterval(timer);" value="Stop" style="width:100px;height:30px">停止</button>
<div id="testtime" style="font-size:180px"></div>
<br>
</body>
</html>
```

(2) 编写 CSS 结构。代码清单为 math.css。

```css
body {font-family: Arial;color:rgb(91, 100, 230);margin: 0px;padding: 50px;background:rgb(245, 201, 209);text-align:center;}
happyness{font-size:186px;line-height:186px;margin-top:100px;}
```

(3) 编写 JavaScript 脚本。代码清单为 math.js。

```javascript
var randNum=Math.random()*100;
function testTime(){
document.getElementById("testtime").innerHTML="<h2>"+Math.floor(Math.random()*100)+"</h2>";
}
function setTime(mark){
timer=null;
timer=setInterval(testTime,60);
if(mark=='stop'){
    clearInterval(timer);
}
return timer;
}
function clearTime(timer){ }
```

运行结果如图 5-4 所示。

图 5-4　随机抽奖效果页面

【总结归纳】

本单元介绍了 JavaScript 中的 Object、Function、Array、Boolean、Number、Date 等内置对象，同时阐述了 JavaScript 中对象的创建，以及对象的常用属性和常用方法，并通过制作购物车、在页面中动态显示系统时间、验证注册页面信息和制作随机抽奖效果页面案例来演示如何使用这些对象。通过学习本单元，读者应掌握如何使用 JavaScript 内置对象进行实际开发。归纳总结如图 5-5 所示。

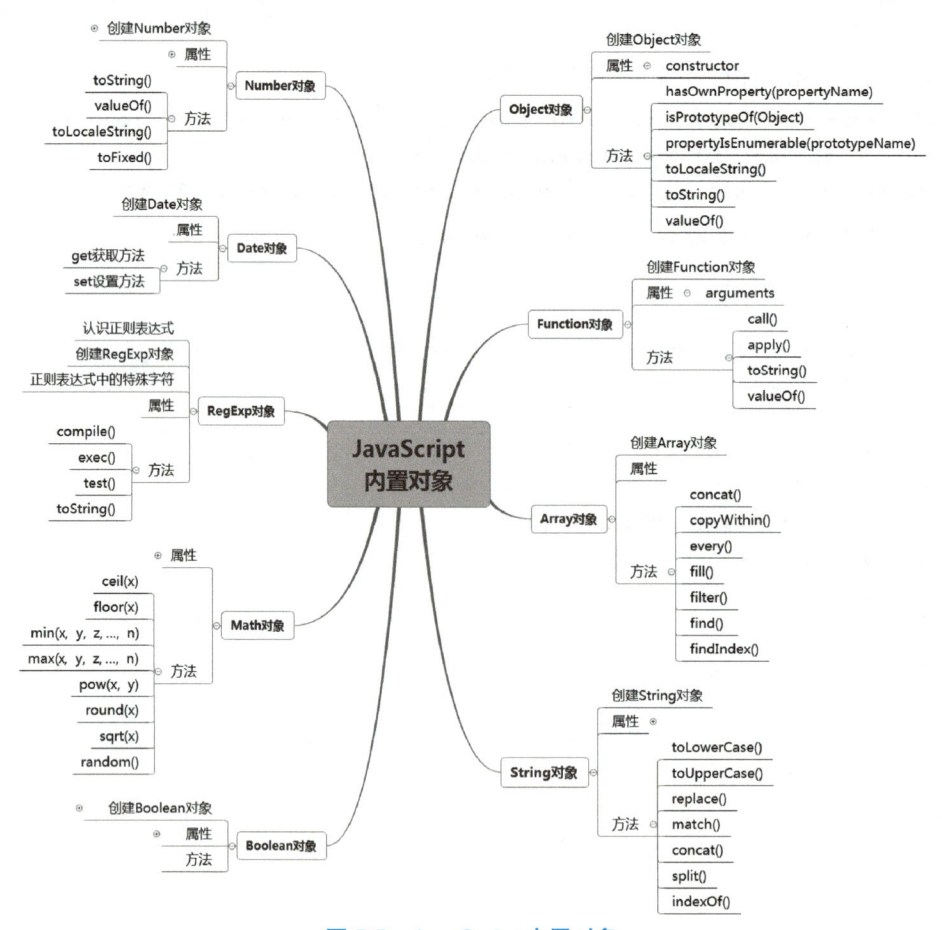

图 5-5　JavaScript 内置对象

单元 6　BOM 编程

学习目标

认识 BOM，掌握 window 对象及其子对象的使用方法。能够利用 BOM 设计网页交互效果。培养学生爱岗敬业、勇于创新的职业精神和精益求精的工匠精神。

情景引例

近几年，越来越多的年轻人开始采用网络购物的消费方式。购物网站是一个比较典型、常见的 Web 应用平台。一般的购物网站需要先注册成为会员，并成功登录后，才能购物。注册成功并登录后，一般会直接跳转到购物网站的首页，首页的右上角会显示当前用户的用户名等信息，左下角则是跳转到购物车、浏览记录和收藏页面的超链接。通过对本单元的学习，读者可以实现购物网站登录、购物和页面间跳转的功能。

6.1　认识 BOM

JavaScript 浏览器对象模型（Browser Object Model，BOM）被广泛应用于 Web 页面开发中，主要用于管理客户端浏览器。

6.1.1　什么是 BOM

BOM 被称为浏览器对象模型，它的主要功能是操作 HTML 内容之外的信息，实现 JavaScript 与浏览器之间的"对话"，比如新建窗口、设置 Cookie、显示浏览器版本信息、显示浏览器窗口宽高等。它的作用是将相关的元素组织包装起来，提供给开发人员使用，从而降低开发人员的劳动量，提升开发人员设计 Web 页面的效率。BOM 一直没有被标准化，不过各主流浏览器均支持 BOM，都遵守最基本的规则和用法，W3C 也将 BOM 的主要内容纳入了 HTML5 规范中。

6.1.2 BOM 的层次结构

BOM 是一个分层结构并提供了很多内置对象。这些内置对象用于访问浏览器，被称为浏览器对象。各内置对象之间按照某种层次组织起来的模型统称为浏览器对象模型。

BOM 的核心对象是 window，其他的对象称为 window 对象的子对象，它们是以属性的方式被添加到 window 对象中的。window 对象是浏览器顶级对象，具有双重角色，既是 JavaScript 访问浏览器窗口的一个接口，又是一个全局对象，定义在全局作用域中的变量、函数都会变成 window 对象的属性和方法。BOM 的层次结构如图 6-1 所示。

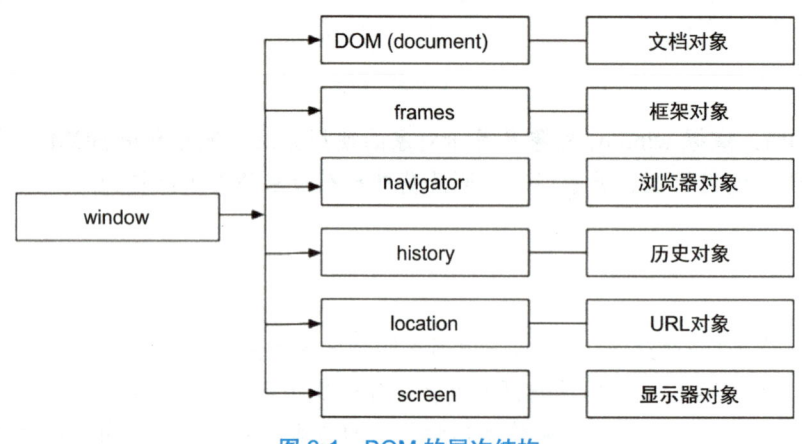

```
                   ┌── DOM (document) ── 文档对象
                   ├── frames         ── 框架对象
                   ├── navigator      ── 浏览器对象
window ────────────┤
                   ├── history        ── 历史对象
                   ├── location       ── URL对象
                   └── screen         ── 显示器对象
```

图 6-1 BOM 的层次结构

6.2 window 对象

window 对象是浏览器对象模型的基类，也是 JavaScript 中的全局对象，可以在任何地方被调用，而且任何对象的使用都会追溯到对 window 对象的访问，所以在使用 window 对象的属性和方法时，可以省略 window 这个前缀。

6.2.1 window 对象常用属性

window 对象表示浏览器中打开的窗口，一个 window 对象实际上就是一个独立的窗口。对于框架页面来说，浏览器窗口的每个框架都包含一个 window 对象。如果文档包含框架，浏览器会为 HTML 文档创建一个 window 对象，并为每个框架创建一个额外的 window 对象。window 对象的属性用于描述 window 对象的结构与状态，如表 6-1 所示。

表 6-1 window 对象常用属性

属性	描述
closed	返回窗口是否已被关闭
defaultStatus	设置或返回窗口状态栏中的默认文本
document	对 document 对象的只读引用
history	对 history 对象的只读引用
innerHeight	返回窗口文档显示区的高度

续表

属性	描述
innerWidth	返回窗口文档显示区的宽度
localStorage	在浏览器中存储键/值对。没有过期时间
length	设置或返回窗口中的框架数量
location	返回一个包含有关文档当前位置信息的 location 对象
name	设置或返回窗口的名称
navigator	对 navigator 对象的只读引用
opener	返回对创建此窗口的窗口的引用
outerHeight	返回窗口的外部高度，包含工具条与滚动条
outerWidth	返回窗口的外部宽度，包含工具条与滚动条
pageXOffset	设置或返回当前页面相对于窗口显示区左上角的 x 坐标
pageYOffsct	设置或返回当前页面相对于窗口显示区左上角的 y 坐标
parent	返回父窗口
screen	对 screen 对象的只读引用
screenLeft	返回浏览器左边框到屏幕左边缘的距离
screenTop	返回浏览器上边框到屏幕顶端边缘的距离
self	返回对当前窗口的引用
status	设置窗口状态栏中的文本
top	返回顶层的父窗口

6.2.2 window 对象常用方法

在实际开发中，window 对象常用方法有对话框操作方法、窗口控制方法和定时器方法。

1. 对话框操作

JavaScript 的三种对话框是通过调用 window 对象的 alert()、confirm()和 prompt()三个方法来获得的。开发者可以利用这些对话框来完成输入和输出，实现页面与用户进行交互的 JavaScript 代码。

1）警告对话框

页面中弹出的警告对话框主要是通过在<body>标签中调用 window 对象的 alert()方法实现的，下面对该方法进行详细说明。利用 window 对象的 alert()方法可以弹出一个警告对话框，并且在警告对话框内可以显示提示文本。用户可以单击警告对话框中的"确定"按钮来关闭该对话框。语法格式：

```
alert("文本");
```

说明：警告对话框是由当前运行的页面弹出的，在对该对话框进行处理之前，用户不能对当前页面进行操作，并且其后面的代码也不会被执行。只有对警告对话框进行处理后（如单击"确定"按钮或者关闭对话框），才可以对当前页面进行操作，后面的代码也才能继续执行。也可以利用 alert()方法对代码进行调试。当不知道某段代码执行到哪里，或者不知道当前变量的取值情况时，便可以利用该方法显示有用的调试信息。

2）询问回答对话框

window 对象的 confirm()方法用于弹出一个询问回答对话框。该对话框包含两个按钮（在中文操作系统中显示为"确定"和"取消",在英文操作系统中显示为"OK"和"Cancel"),单击"确定"按钮,返回值为 true,单击"取消"按钮,返回值为 false。语法格式:

```
window.confirm(question)
```

【训练 6-1】询问回答对话框的使用。代码清单为 code6-1.html。

```
var r = confirm("请单击按钮");
if (r == true) {
        x = "您单击了"确定"按钮!";
} else {
        x = "您单击了"取消"按钮!";
}document.write(x);
```

3)提示对话框

利用 window 对象的 prompt()方法可以在浏览器窗口中弹出一个提示对话框。与警告对话框和询问回答对话框不同,提示对话框中有一个文本框。当显示文本框时,在其中显示提示字符串,并等待用户输入,当用户在该文本框中输入文本,并单击"确定"按钮后,返回用户输入的字符串,当单击"取消"按钮时,返回 null 值。语法格式:

```
window.prompt(str1,str2)
```

说明:str1、str2 均为可选项并均为字符串(String)。str1 用于指定在对话框内要显示的信息。如果忽略此参数,将不显示任何信息。str2 用于指定对话框内文本框(input)的值(value)。如果忽略此参数,将被设置为 undefined。

【训练 6-2】提示对话框的使用。代码清单为 code6-2.html。

```
var person = prompt("请输入您的姓名");
if (person != null) {
            document.getElementById("demo").innerHTML = "你好 " + person +
"!";
}
```

2. 窗口控制

window 对象定义了三组方法分别用来调整窗口位置、大小和滚动条的偏移位置:moveTo()和 moveBy()、resizeTo()和 resizeBy()、scrollTo()和 scrollBy()。

这些方法都包含两个参数,分别表示 x 轴偏移值和 y 轴偏移值。包含 To 字符串的方法都是绝对的,也就是 x 和 y 是绝对位置、大小或偏移位置;包含 By 字符串的方法都是相对的,也就是它们在窗口的当前位置、大小或偏移位置上增加所指定的参数 x 和 y 的值。

moveTo()方法可以将窗口的左上角移动到指定的坐标,moveBy()方法可以将窗口上移、下移或左移、右移指定数量的像素。resizeTo()和 resizeBy()方法可以按照绝对数量和相对数量调整窗口的大小。

【训练 6-3】调整窗口大小和位置。代码清单为 code6-3.html。

```
        window.onload = function() {
         timer = window.setInterval("jump()", 1000);
        };
        function jump() {
         window.resizeTo(200, 200);
```

```
        x = Math.ceil(Math.random() * 1024);
        y = Math.ceil(Math.random() * 760);
        window.moveTo(x, y);
    }
```

window 对象还定义了 focus()和 blur()方法,用来控制窗口的显示焦点。focus()方法用于将焦点设置到当前窗口,也就是将窗口显示在前(靠近屏幕)。blur()方法用于将焦点移出顶层窗口。

3. 定时器

在浏览页面的过程中,经常可以看到轮播图效果,即每隔一段时间,图片就会自动切换一次,或者在商品页面中看到倒计时效果,这些效果就用到了定时器。定时器是指在指定时间后执行特定操作,或者让程序每隔一段时间执行一次,实现间歇操作。JavaScript 中的 window 对象提供了两组方法用于设置定时器,开发者在调用时可以省略 window,具体实现方法如表 6-2 所示。

表 6-2 定时器方法

方法	描述
setInterval()	按照指定的周期(以毫秒计)来调用函数或计算表达式
setTimeout()	在指定的毫秒数后调用函数或计算表达式
clearInterval()	取消由 setInterval()方法设置的定时器
clearTimeout()	取消由 setTimeout()方法设置的定时器

说明:setTimeout()和 setInterval()方法都可以在一个固定时间段内执行代码,不同的是,前者只执行一次代码,而后者会按照指定的时间自动重复执行代码。

在实际开发中,可以通过 setTimeout()方法实现函数的一次调用,并且可以通过 clearTimeout()方法来清除 setTimeout()定时器。setTimeout()和 setInterval()方法的语法格式如下:

```
setTimeout(调用的函数,[延迟的毫秒数])
setInterval(调用的函数,[延迟的毫秒数])
```

说明:在上述语法格式中,第一个参数表示到达第二个参数设置的等待时间后要执行的代码,也可以是一个函数,或者函数名;第二个参数的时间单位为毫秒(ms)。下面以 setTimeout()方法为例进行演示。

```
//参数形式1:用字符串表示一段代码
setTimeout('alert("JavaScript")', 3000 )
//参数形式2:传入一个匿名函数
setTimeout(function() {
 alert('JavaScript');
}, 3000);
//参数形式3:传入函数名
setTimeout(fn, 3000);
function fn() {
    console.log('JavaScript');
}
```

说明：当参数为一个函数名时，这个函数名不需要加()，否则就变成了立即执行这个函数，将函数执行后的返回值传入。如果省略延迟的毫秒数，则默认为 0。

在实际开发中，考虑到一个页面中可能会有多个定时器，所以建议用一个变量保存定时器的 id（唯一标识），若想要在定时器启动后，取消该定时器，则可以将 setTimeout()的返回值（定时器的 id）传递给 clearTimeout()方法。例如：

```
//在设置定时器时，保存定时器的 id
var timer = setTimeout(fn,3000);
//如果取消定时器，则可以将 id 传递给 clearTimeout()方法
clearTimeout(timer);
```

【案例 6-1】制作弹出对话框特效

用户应在注册后才能访问购物网站，若用户没有注册则应单击登录页面中的"用户注册"按钮，在弹出的注册页面中进行注册。若用户在登录页面中单击"退出"按钮，则弹出询问回答对话框。该对话框显示一行信息"您确定要退出系统吗？"，以及"确定"按钮和"取消"按钮。若单击"确定"按钮，则关闭登录页面；若单击"取消"按钮，则关闭询问回答对话框。

【案例分析】

本案例首先制作一个包含"用户注册"按钮和"退出"按钮的页面，再制作一个用于显示信息的注册页面。通过编写 JavaScript 脚本，实现当单击"用户注册"按钮时，打开注册页面，当单击"退出"按钮时，关闭注册页面。

【解决方案】

（1）编写 HTML 结构。代码清单为 open.html、register.html。

① 编写登录页面。代码清单为 open.html。

```
<!DOCTYPE html>
<html>
<body>
 <table>
    <tr>
    <td>
    <input type="button" name="regButton" value="用户注册" onclick="openwindow()" />
    <input type="button" name="exitButton" value="退出" onclick="closewindow()" />
    </td>
 </tr>
</table>
</body>
<script src="js/open.js"></script>
</html>
```

② 编写注册页面。代码清单为 register.html。

```html
<!DOCTYPE html>
<html>
<body>
    <p>用户注册页面</p>
</body>
</html>
```

（2）编写 JavaScript 脚本。代码清单为 open.js。

```javascript
function openwindow() {
    window.status = "系统当前状态：您正在注册用户";//设置窗口状态栏中的文本
    if (window.confirm("您确定要前往注册页面吗？")) {
        window.open("register.html");
    }
}
function closewindow() {
    //弹出询问回答对话框，若用户单击"确定"按钮，则关闭注册页面
    if (window.confirm("您确定要退出系统吗？")) {
        opener = null;
        window.close();
    }
}
```

【案例 6-2】实现购物节倒计时功能

在购物节中往往会出现倒计时来提示顾客抢购时间、购物节开始时间和购物节剩余时间。

【案例分析】

本案例首先创建静态页面，并编写相应的 CSS 样式。然后利用 Date 对象获取当前时间，并设置截止时间来获取时间差。最后定义变量，递归每秒调用的函数，显示动态效果。

【解决方案】

（1）编写 HTML 结构。代码清单为 countdown.html。

```html
<!DOCTYPE html>
<html>
<head>
    <link rel="stylesheet" href="css/countdown.css" />
    <meta charset="UTF-8" />
</head>
<body>
    <p id="countdown"></p>
</body>
<script src="js/countdown.js"></script>
```

```
</html>
```

（2）编写 CSS 样式。代码清单为 countdown.css。

```css
p {
  font-size: 24px;
  color: red;
  border: 1px solid red;
  text-align: center;
  width: 600px;
  margin: 20% auto;
  line-height: 50px;
}
```

（3）编写 JavaScript 脚本。代码清单为 countdown.js。

```javascript
window.onload = function () {
    setInterval(function () {
        var nowTime = new Date(); //获取当前时间
        //创建截止时间
        var endTime = new Date("2022-11-11 00:00:00");
        var seconds = parseInt(
            (endTime.getTime() - nowTime.getTime()) / 1000
        ); //两个时间点的时间差（秒）
        var d = parseInt(seconds / 3600 / 24); //天数
        var h = parseInt((seconds / 3600) % 24); //小时
        var m = parseInt((seconds / 60) % 60); //分钟
        var s = parseInt(seconds % 60); //秒
        document.getElementById("countdown").innerHTML =
            "距购物节还有" + d + "天" + h + "小时" + m + "分钟" + s + "秒";
    }, 1000);
};
```

6.3 document 对象

文档对象（document）代表浏览器窗口中的文档，该对象是 window 对象的子对象，由于 window 对象是浏览器对象模型中的默认对象，因此 window 对象中的方法和子对象不需要使用 window 来引用。通过 document 对象可以访问 HTML 文档中包含的任何 HTML 标签，并可以动态地改变 HTML 标签中的内容，如表单、图像、表格和超链接等。

6.3.1 document 对象常用属性

每个载入浏览器的 HTML 文档都会成为 document 对象。document 对象使用户可以从脚本中对 HTML 文档中的所有元素进行访问。document 对象提供了一些属性，用于获取文档中的元素。例如，获取所有表单标签、图像标签等。document 对象常用属性如表 6-3 所示。

表 6-3　document 对象常用属性

属性	描述
body	返回文档的 body 元素
title	返回文档的 title 元素
forms	返回文档的所有 form 元素
images	返回文档的所有 img 元素
links	返回文档的所有 a 元素
cookie	返回文档的 cookie
documentElement	返回当前文档的 URL
referrer	返回使浏览者到达当前文档的 URL

说明：document 对象中的 body 属性用于返回 body 元素，而 documentElement 属性用于返回 HTML 文档的根节点 html 元素。

【训练 6-4】获取 body 元素和 html 元素。代码清单为 code6-4.html。

```
var bodyEle = document.body;
    var url = document.URL;
    console.log(bodyEle);
    console.log(url);
```

6.3.2　document 对象常用方法

由于 document 对象是 HTML 文档的根节点，因此 document 对象用于获取指定的对象或在页面中添加内容。document 对象常用方法如表 6-4 所示。

表 6-4　document 对象常用方法

方法	描述
getElementById()	通过 id 获取元素
getElementsByTagName()	通过标签名获取元素
getElementsByClassName()	通过 class 获取元素
getElementsByName()	通过 name 获取元素
querySelector()	通过选择器获取第一个元素
querySelectorAll()	通过选择器获取所有元素
createElement()	创建元素节点
createTextNode()	创建文本节点
write()	输出内容
writeln()	输出内容并换行

【案例 6-3】制作复选框全选效果

当用户在购物网站中选择完要购买的物品后，将会进入购物车页面进行付款，在购物车页面中，左上角有"全选"复选框，当用户勾选"全选"复选框时，则选中所有商品，当用户取消勾选"全选"复选框时则取消对所有商品的选择。

【案例分析】

　　本案例首先创建静态页面。然后定义"全选"复选框的单击事件处理程序。最后在该事件处理程序中获取所有产品的复选框，实现选中和取消选择功能。

【解决方案】

　　（1）编写 HTML 结构。代码清单为 shopping.html。

```
<!DOCTYPE html>
<html>
 <body>
    <table>
        <tr style="font-weight: bold">
            <td>
                <input id="all" type="checkbox" value="全选" onclick="check();" />全选
            </td>
            <td>商品名称</td>
            <td>出售者/联系方式</td>
            <td>价格</td>
        </tr>
        <tr>
            <td colspan="4">
                <hr style="border: 1px #cccccc dashed" />
            </td>
        </tr>
        <tr>
            <td><input name="product" type="checkbox" value="1" /></td>
            <td>投影仪：杜比环绕，超真实享受</td>
            <td>出售者：Sony 官方旗舰店</td>
            <td>一口价<br />2300.0 元</td>
        </tr>
        <tr>
            <td colspan="4">
                <hr style="border: 1px #cccccc dashed" />
            </td>
        </tr>
        <tr>
            <td><input name="product" type="checkbox" value="1" /></td>
            <td>笔记本：MacBook Pro</td>
            <td>出售者：苹果官方旗舰店</td>
            <td>一口价<br />12300.0 元</td>
        </tr>
        <tr>
            <td colspan="4">
                <hr style="border: 1px #cccccc dashed" />
```

```
            </td>
        </tr>
    </table>
</body>
<script src="js/shopping.js"></script>
</html>
```

（2）编写 JavaScript 脚本。代码清单为 shopping.js。

```
function check() {
    var oInput = document.getElementsByName("product");
    for (var i = 0; i < oInput.length; i++) {
        if (document.getElementById("all").checked == true) {
            oInput[i].checked = true;
        } else {
            oInput[i].checked = false;
        }
    }
}
```

6.4　history 对象

history 对象存储了互动浏览器的浏览历史，用户可以通过 window 对象的 history 属性访问该对象，实际上 history 属性仅存储最近访问的、有限条目的 URL 信息。出于安全方面的考虑，history 对象不能直接获取用户浏览过的 URL，但可以使浏览器实现"后退"和"前进"的功能。

6.4.1　history 对象常用属性

history 对象的常用属性为 length，用来返回用户访问过的网址数量。

6.4.2　history 对象常用方法

history 对象最初是用来表示窗口的浏览历史的。但出于安全方面的考虑，history 对象不再允许脚本访问用户已经访问过的实际 URL。history 对象常用方法有 back()、forward() 和 go()，具体描述如表 6-5 所示。

表 6-5　history 对象常用方法

方法	描述
back()	移动到上一个网址，等同于单击浏览器的"后退"按钮。对于第一个访问的网址，该方法无效
forward()	移动到下一个网址，等同于单击浏览器的"前进"按钮。对于最后一个访问的网址，该方法无效
go()	接收一个整数作为参数，以当前网址为基准，移动到参数指定的网址，go(1)相当于 forward()，go(-1)相当于 back()。如果参数超过实际存在的网址范围，则该方法无效；如果不指定参数，则默认参数为 0，相当于刷新当前页面

【案例 6-4】实现页面跳转

用户在购物网站中购买完物品后可以在购物商城页面中单击"购物车""收藏""浏览记录"超链接和"前进""后退"按钮来进行页面的跳转及返回购物商城页面。

【案例分析】

本案例首先创建四个静态页面，用来模拟购物商城页面、购物车页面、收藏页面、浏览记录页面。然后运用 history 对象的 forward()方法和 back()方法来模拟页面的前进和后退。

【解决方案】

（1）编写 HTML 结构。代码清单为 main.html、shoppingcart.html、collect.html、browse.html。

① 编写购物商城页面。代码清单为 main.html。

```html
<!DOCTYPE html>
<html lang="en">
<head>
    <meta charset="UTF-8" />
</head>
<body>
    <a href="shoppingcart.html">购物车</a>
    <a href="collect.html">收藏</a>
    <a href="browse.html">浏览记录</a>
    <button id="btn1">后退</button>
    <button id="btn2">前进</button>
</body>
<script src="js/main.js"></script>
</html>
```

② 编写购物车页面。代码清单为 shoppingcart.html。

```html
<!DOCTYPE html>
<html>
<body>
    <p>购物车</p>
    <button id="btn1">返回</button>
</body>
<script src=" js/main.js"></script>
</html>
```

③ 编写收藏页面。代码清单为 collect.html。

```html
<!DOCTYPE html>
<html>
<body>
    <p>收藏</p>
    <button id="btn1">返回</button>
```

```
    </body>
    <script src="js/main.js"></script>
</html>
```

④ 编写浏览记录页面。代码清单为 browse.html。

```
<!DOCTYPE html>
<html>
 <body>
        <p>浏览记录</p>
        <button id="btn1">返回</button>
 </body>
 <script src="js/main.js"></script>
</html>
```

（2）编写 JavaScript 脚本。代码清单为 main.js。

```
//获取页面中的标签
var btn1 = document.getElementById("btn1");
var btn2 = document.getElementById("btn2");
//单击事件
btn1.onclick = function() {
    //返回前一页
    history.back(1);  //后退
};
btn2.onclick = function() {
    //进入下一页
    history.forward(1);  //前进
};
```

6.5 location 对象

location 对象用于获取当前页面的地址（URL），并把浏览器重定向到新的页面。location 对象比较特别，它既是 window 对象的属性，也是 document 对象的属性，window.location 等同于 document.location，它们引用了同一个对象。

6.5.1 location 对象常用属性

location 对象与 URL 相关，因此在学习 location 对象前，先来了解 URL 的组成。

用户在浏览器地址栏中输入的网址叫作 URL（Uniform Resource Locator，统一资源定位符）。就像每家每户都有一个门牌号一样，每个网页也都有一个网址。当用户在浏览器地址栏中输入一个 URL 或单击一个超链接时，URL 就确定了要浏览的地址。浏览器通过超文本传输协议（HTTP），将 Web 服务器上站点的网页代码提取出来，并翻译成漂亮的网页。

在 URL 中，包含网络协议、服务器的主机名、端口、路径、参数及锚点。语法格式：

```
protocol://hostname[:port]/path/[;parameters][?query]#fragment
```

例如，http://www.example.com:80/web/index.html?a=3&b=4#res。

URL 的组成如表 6-6 所示。

表 6-6 URL 的组成

组成部分	描述
protocol	网络协议，如 HTTP、FTP、Mailto 等
hostname	服务器的主机名，如 www.example.com
port	端口，可选，省略时使用默认端口，如 HTTP 协议的默认端口为 80
path	路径，如/web/index.html
;parameters	字符";"将 URL 中的名值对列表与其他部分分割开，为应用程序提供了访问资源所需要的附加信息
query	参数，使用键/值对的形式，通过&符号进行分隔，如 a=3&b=4
fragment	表示页面内部的锚点，如#res

location 对象提供的 search 属性返回 URL 中的参数，通常用于客户端在向服务器查询信息时传入一些查询条件，如页码、搜索的关键字、排序方式等。除了 search 属性，location 对象还提供了其他属性，用于获取或设置对应的 URL 的组成部分，如服务器的主机名、端口、网络协议及完整的 URL 等，具体描述如表 6-7 所示。

表 6-7 location 对象常用属性

属性	描述
hash	返回一个 URL 的锚点
host	返回一个 URL 的服务器主机名和端口
hostname	返回 URL 的服务器主机名
href	返回完整的 URL
pathname	返回 URL 的路径
port	返回一个 URL 服务器使用的端口
protocol	返回一个网络协议
search	返回一个 URL 的查询部分

【案例 6-5】获取 URL 参数

用户在完成购物网站的注册后，则会进入登录页面。用户在登录时，需要在登录页面（login.html）中提交表单。如果用户输入的信息正确，则该信息被提交给 index.html，这样用户就可以在网站首页中看到自己使用的用户名。

【案例分析】

本案例首先创建静态页面 login.html、index.html。然后运用表单和 location.search 属性来获取用户输入的信息。接着利用分隔符分隔参数里的键和值。最后把数据写入 div 元素中。

【解决方案】

（1）编写 HTML 结构。代码清单为 login.html、index.html。
① 编写登录页面。代码清单为 login.html。

```html
<!DOCTYPE html>
<html>
<body>
    <form action="index.html">
        <!--必须用 name -->
        <input type="text" name="uname" />
        <input type="submit" value="登录" />
    </form>
</body>
</html>
```

② 编写网站首页。代码清单为 index.html。

```html
<!DOCTYPE html>
<html>
<head>
    <meta charset="UTF-8" />
</head>
<body>
    <div></div>
</body>
<script src="js/index.js"></script>
</html>
```

(2) 编写 JavaScript 脚本。代码清单为 index.js。

```
获取 location.search 属性返回的用户输入的信息
var params = location.search.substr(1); //得到的是 uname=name 类型
//再利用"="分隔符,分隔键和值
var arr = params.split("="); //得到的是[uname,name] 类型
//把数据写入 div 元素中
var div = document.querySelector("div");
div.innerHTML = arr[1] + "欢迎您";
```

6.5.2 location 对象常用方法

BOM 中 location 对象提供的方法,可以更改当前用户在浏览器中访问的 URL,实现新文档的载入、重载及替换等功能。location 对象提供的用于改变 URL 的方法被所有主流浏览器支持,具体描述如表 6-8 所示。

表 6-8 location 对象常用方法

方法	描述
assign()	载入一个新的文档
reload()	重新载入当前文档
replace()	用新的文档替换当前文档,覆盖当前记录

assign()是常用的方法。使用 location.assign()可以立即打开一个新的浏览器位置,并生成一条新的历史记录。assign()方法接收的参数为 URL。

reload()方法的唯一参数是一个布尔值,当将其设置为 true 时,该方法会绕过缓存,从

服务器上重新下载文档，类似于浏览器中的"刷新页面"按钮。

replace()方法的作用是使浏览器位置发生改变，并禁止在浏览器历史记录中生成新的记录。它只接收一个要导航到的 URL 参数，而且在调用 replace()方法后，用户不能返回前一个页面。

6.6 navigator 对象

navigator 对象包含有关浏览器的信息。navigator 对象包含的属性描述了用户正在使用的浏览器。开发者可以使用这些属性进行平台专用的配置。由名称可见，该对象可以被 Netscape 的 Navigator 浏览器支持，但其他实现了 JavaScript 的浏览器也支持这个对象。navigator 对象的实例是唯一的，可以用 window 对象的 navigator 属性来引用它。

6.6.1 navigator 对象常用属性

在不同浏览器中 navigator 对象有不同的属性。在主流浏览器中存在的属性如表 6-9 所示。

表 6-9 navigator 对象在主流浏览器中的常用属性

属性	描述
browserLanguage	返回当前浏览器的语言
cookieEnabled	返回布尔值，如果当前页面启用了 cookie，则该值为 true；如果当前页面禁用了 cookie，则该值为 false
cpuClass	返回浏览器系统的 CPU 等级
onLine	返回浏览器的在线状态。该属性返回一个布尔值
platform	返回运行浏览器的操作系统平台
systemLanguage	返回操作系统使用的默认语言
userAgent	返回由客户机发送到服务器的 User-Agent 头部的值
userLanguage	返回操作系统的自然语言设置

说明：navigator 对象最常用的属性是 userAgent。

【训练 6-5】返回由客户机发送到服务器的 User-Agent 头部的值。代码清单为 code6-5.html。

```
document.write("<p>userAgent: ");
document.write(window.navigator.userAgent + "</p>");
```

以 Chrome 浏览器为例。

```
userAgent: Mozilla/5.0 (Windows NT 10.0; Win64; x64) AppleWebKit/537.36 (KHTML, like Gecko) Chrome/94.0.4606.81 Safari/537.36
```

6.6.2 navigator 对象常用方法

navigator 对象常用方法如表 6-10 所示。

表 6-10　navigator 对象常用方法

方法	描述
javaEnabled()	规定浏览器是否启用 Java
taintEnabled()	规定浏览器是否启用数据污点

【归纳总结】

本单元首先介绍了 BOM 的概念，讲解了 BOM 的层次结构及其各属性的作用。然后通过案例讲解了 BOM 编程的应用。重点讲解了 window 对象、document 对象、location 对象、history 对象、navigator 对象的定义、常用属性和常用方法。通过学习本单元，读者可以系统地掌握 JavaScript 中的 BOM 编程。归纳总结如图 6-2 所示。

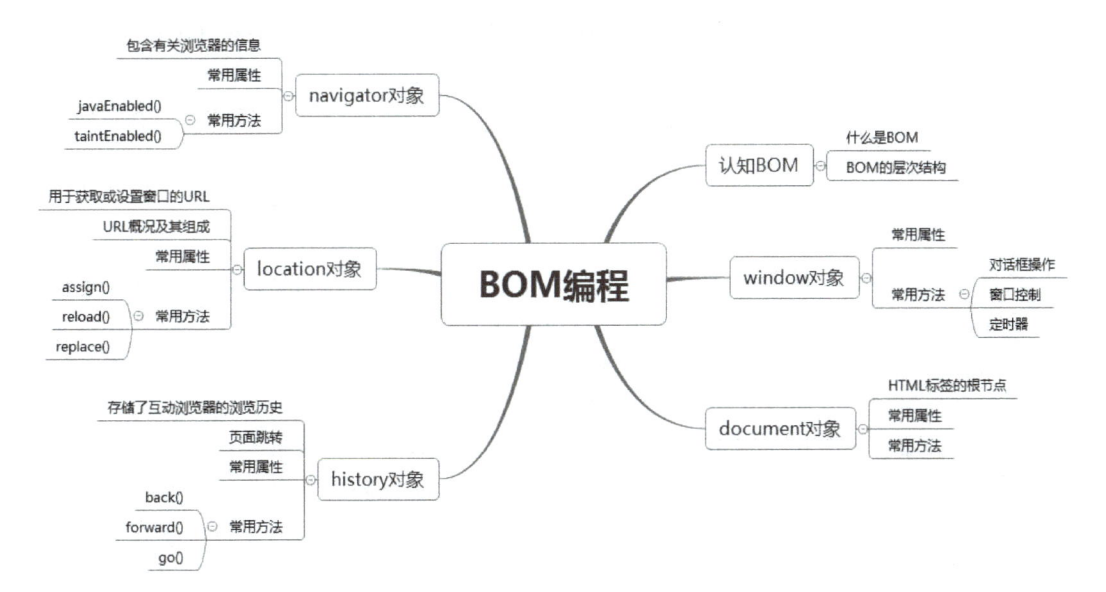

图 6-2　BOM 编程

单元 7　DOM 编程

学习目标

了解 DOM 模型的基础，掌握 DOM 编程的各种操作。能够使用 JavaScript 进行 DOM 编程。掌握实现常见页面交互效果的技能。具备精益求精的工匠精神和高尚的职业素养。

情境引例

在信息技术高速发展的时代，人们的生活节奏逐步加快，人们之间沟通的方式不仅仅局限于面对面实时交流，获取信息的方式也不仅仅局限在某个范围，这些传统的方式受时间、地点等因素的限制，不适用于各种场合。而各大网站中的留言板及侧边信息展示栏不受上述因素的限制，是降低沟通成本的一种必要方式。

网站中的留言板可以实现留言的新增与删除，并保证最新的留言在顶部显示，使人们可以随时随地查看留言并做出回复；网站中的侧边信息展示栏也是目前受欢迎的一种展示信息的方式，可以做到不遮挡页面中的主要内容，在侧边随着鼠标的滚动而改变位置并保证信息展示栏头部与页面顶端对齐，以对联的形式展示信息。通过对本单元 DOM 节点及样式操作的学习，读者将能够制作出具有以上基础功能的简易留言板及随滚动条移动的对联广告效果。

7.1　认识 DOM

文档对象模型（Document Object Model，DOM）是 W3C 组织推荐的处理可扩展标记语言的标准编程接口。它定义了用户操作文档对象的接口，使用户对 HTML 有了空前的访问能力，并使开发者能将 HTML 作为 XML 文档来处理。

7.1.1　什么是 DOM

DOM 是一种与平台、浏览器、语言无关的应用程序接口（API），可以作为网站内容与 JavaScript 互通的接口，以便程序能够动态访问和更新文档的内容、结构及样式，为 Web 开发者提供了一种标准的方法，让其可以方便地访问站点中的数据、脚本和表现层对象。

DOM 也是一种跨语言的规范，是一种 W3C 标准。通过 DOM 编程可以对 HTML 文档的节点、属性、文本进行添加、删除、修改等操作。在实际开发带有交互效果的页面时，离不开 DOM。

7.1.2 DOM 类型

DOM 将 HTML 文档作为树状结构来查看，把整个页面规划成由节点层级构成的文档。考虑下面这段简单的 HTML 代码：

```
<!DOCTYPE html>
<html>
<head>
    <meta http equiv="content-type" content="texthtml; charset =utf-8"/>
    <title>DOM 编程</title>
</head>
<body>
    <h1><a href ="http://www.***.com">百度</a></h1>
    <p>单元 7</p>
    <ol id="olid">
        <li>认识 DOM</li>
        <li>DOM 节点操作</li>
        <li>DOM 样式操作</li>
    </ol>
</body>
</html>
```

如果利用 DOM 结构将其绘制成节点层级图，则效果如图 7-1 所示。

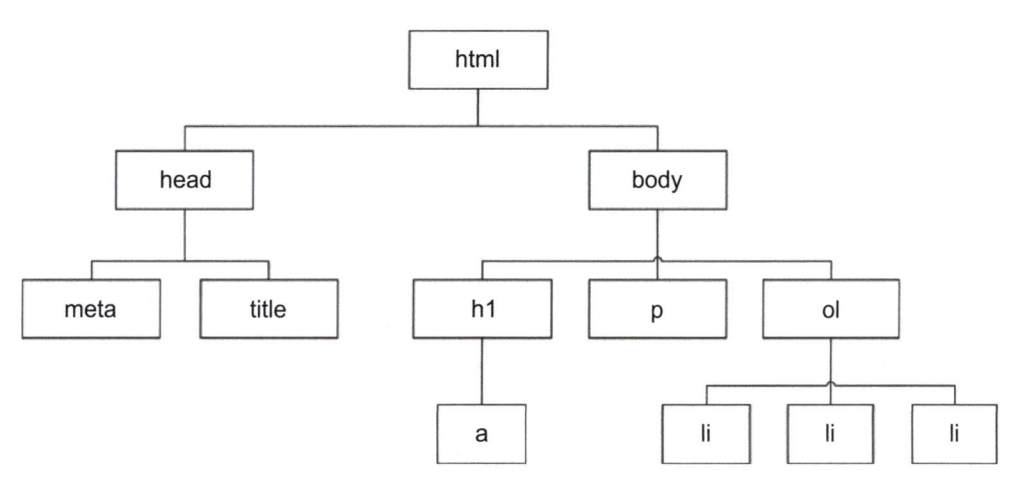

图 7-1　DOM 节点层级图

在这个 DOM 节点层级图中，html 元素位于顶端，是 DOM 的根节点，没有父辈和兄弟。深入一层，有 head 和 body 两个分支，它们是兄弟关系，拥有共同的父元素 html，在同一层而不互相包含。再往下一层，head 有 2 个子元素 meta 和 title，它们互为兄弟，而 body 有 3 个子元素，分别是 h1、p 和 ol。再继续深入就会发现 h1 和 ol 都有自己的子元素。

通过这样的关系划分，整个 HTML 文档的结构清晰可见，各个元素之间的关系很容易被表现出来，这正是由 DOM 完成的。

7.1.3 DOM 节点

在 DOM 中，文档是由节点（Node）构成的集合，页面中的所有内容都是节点。节点主要包括元素节点、属性节点和文本节点三种类型。HTML DOM 树中的所有节点均可通过 JavaScript 进行访问，因此可以利用操作节点的方式操作 HTML 中的元素。

一般来说，节点至少拥有三个基本属性，分别是 nodeName（节点名称）、nodeType（节点类型）、nodeValue（节点值）。常见的节点类型如表 7-1 所示。

表 7-1　常见的节点类型

节点类型	nodeName	nodeType	nodeValue
元素节点	元素名称	1	null
属性节点	属性名称	2	属性值
文本节点	#text	3	文本内容

1. 元素节点

整个 DOM 模型都是由元素节点（Element Node）构成的。图 7-1 中显示的所有节点都是元素节点，各种元素名称便是这些元素节点的名称，例如，文本段落元素节点的名称为 p，有序列表清单元素节点的名称为 ol 等。

元素节点可以包含其他的元素，例如，图 7-1 中所有的项目列表 li 都被包含在 ol 中，唯一没有被包含的只有根元素 html。

2. 文本节点

在 HTML 中只使用标签搭建框架是不够的，页面的最终目的是向用户展示内容。例如，上例在<h1>标签中有文本"百度"，在项目列表<li>中有"认识 DOM""DOM 节点操作""DOM 样式操作"。这些具体的文本在 DOM 模型中被称为文本节点（Text Node）。

3. 属性节点

页面中的元素一般会有一些属性，例如，几乎所有的元素都有一个 title 属性。开发者可以利用这些属性对包含在元素里的对象进行更准确的描述。例如：

```
<a title= "微博" href="https://***.com/">新浪微博</a>
```

在上面的代码中，title="微博"和 href="https://***.com/"分别是两个属性节点（Attribute Node）。由于属性总是被放在标签中，因此属性节点总是被包含在元素节点中。各种节点类型的关系如图 7-2 所示。

图 7-2　各种节点类型的关系

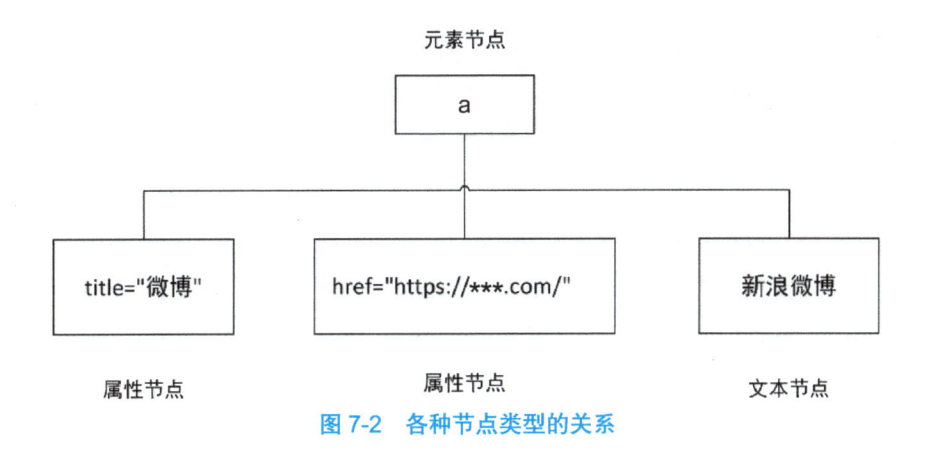

7.2　DOM 节点操作

在了解了 DOM 类型和节点后，最重要的是使用这些节点来操作 HTML 页面。本节主要介绍如何利用 DOM 节点来操作 HTML 页面。

每个 DOM 节点都包含一系列的属性和方法，其常用属性和方法如表 7-2 所示。

表 7-2　DOM 节点常用属性和方法

属性和方法	类型/返回值类型	描述
nodeName	String	根据其类型返回节点的名称
nodeType	Number	返回节点的类型
nodeValue	String	根据其类型设置或返回某个节点的值
childNodes	NodeList	返回某节点到子节点的节点列表
parentNode	Node	返回某节点的父节点
firstChild	Node	返回某节点的首个子节点
lastChild	Node	返回某节点的最后一个子节点
previousSibling	Node	返回前一个兄弟节点，如果没有这样的节点，则返回 null
nextSibling	Node	返回后一个兄弟节点，如果没有这样的节点，则返回 null
appendChild()	Node	将节点添加到 childNodes 的末尾
insertBefore()	Node	在 childNodes 的 refnode 节点之前插入 newnode 节点
removeChild()	Node	从 childNodes 中删除节点
replaceChild()	Node	将 childNodes 中的 oldnode 节点替换成 newnode 节点
hasChildNodes()	Boolean	当 childNodes 包含一个或多个节点时，返回 true

7.2.1　访问节点

DOM 提供了一些便捷的方法来访问某些特定节点，其中常用的三种方法分别是 getElementsByTagName()、getElementById()和 getElementsByName()。

（1）getElementsByTagName()方法用于返回一个包括所有指定元素名称的元素的 HTML 集合。语法格式：

```
var node.name=document.getElementsByTagName("TagName");
```

【训练 7-1】用 getElementsByTagName()方法访问节点。代码清单为 code7-1.html。

```html
<!DOCTYPE html>
<html>
<head>
    <meta charset="utf-8">
    <title>getElementsByTagName()</title>
</head>
<body onload="searchDOM()">
    <ol>矿泉水
        <li>娃哈哈</li>
        <li>农夫山泉</li>
        <li>泉阳泉</li>
    </ol>
    <script language="javascript">
        function searchDOM(){
            var oLi = document.getElementsByTagName("li");
            var oOl = document.getElementsByTagName("ol");
            var oLi1 = oOl[0].getElementsByTagName("li");
            alert(oLi1[0].childNodes[0].nodeValue);
            alert(oLi1[1].tagName+" "+oLi1[1].childNodes[0].nodeValue);
            alert(oLi1.length + " " +oLi1[2].tagName + " " + oLi1[2].childNodes[0].nodeValue);
        }
    </script>
</body>
</html>
```

利用浏览器打开 code7-1.html，即可看到效果。

（2）getElementById()方法用于返回 id 为指定值的元素。由于标准 HTML 中的 id 都是唯一的，因此该方法主要用来获取某个指定的元素。

【训练 7-2】用 getElementById()方法访问节点。代码清单为 code7-2.html。

```html
<!DOCTYPE html>
<html>
<head>
    <meta charset="utf-8">
    <title>getElementById()</title>
</head>
<body onload="searchDOM()">
    <ol>矿泉水
        <li>娃哈哈</li>
        <li id="sweet">农夫山泉</li>
        <li >泉阳泉</li>
    </ol>
    <script language="javascript">
        function searchDOM(){
```

```
                var oLi = document.getElementById("sweet");
                alert(oLi.tagName + " " + oLi.childNodes[0].nodeValue);
            }
        </script>
    </body>
</html>
```

利用浏览器打开 code7-2.html，即可看到效果，如图 7-3 所示。

图 7-3　用 getElementById()方法访问节点

提示：如果给定的 id 匹配某个元素的 name 属性，则浏览器还会返回这个元素。开发者必须注意，在搭建 HTML 框架时应尽量避免 id 与其他元素的 name 属性重复。

（3）getElementsByName()方法主要用来获取表单元素。name 属性的值不要求必须是唯一的，多个元素可以有一样的名字。

【训练 7-3】用 getElementsByName()方法访问节点。代码清单为 code7-3.html。

```
<!DOCTYPE html>
<html>
<head>
    <meta charset="utf-8">
    <title>getElementsByName()</title>
</head>
<body>
    <p>请选择以下水的品牌</p>
    <label><input type="checkbox" name="water" value="娃哈哈">娃哈哈</label>
    <label><input type="checkbox" name="water" value="农夫山泉">农夫山泉</label>
    <label><input type="checkbox" name="water" value="泉阳泉">泉阳泉</label>
    <script>
        var waterType = document.getElementsByName("water");
        waterType[1].checked = true;
    </script>
</body>
</html>
```

利用浏览器打开 code7-3.html，即可看到效果，如图 7-4 所示。

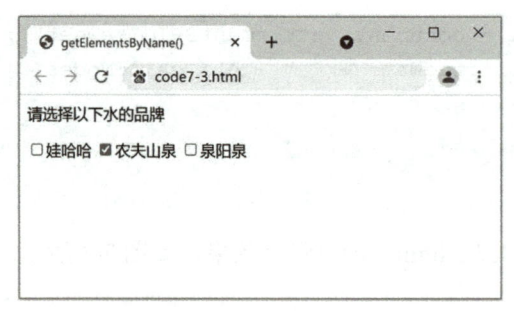

图 7-4 用 getElementsByName()方法访问节点

7.2.2 创建节点

开发者可以利用 DOM 实现节点的创建，例如，创建一个 ol 元素节点，为 ol 元素节点创建一个文本节点等。

（1）利用 createElement()方法创建元素节点。语法格式：

```
var newElement= document.createElement("name");
```

其参数为字符串，用于为此元素节点规定名称。

（2）利用 createTextNode()方法创建文本节点。语法格式：

```
var newText = document.createTextNode("text");
```

其参数为字符串，用于设定节点的文本。

7.2.3 添加节点

利用 createElement()方法、createTextNode()方法来创建元素节点和文本节点后，可以利用 appendChild()方法将节点添加到节点列表中。appendChild()方法用于在节点列表的末尾添加一个子节点。语法格式：

```
Node.appendChild(newchild);
```

其中，Node 表示当前节点，newchild 表示所添加的节点。

【训练 7-4】利用 DOM 创建并添加新节点。代码清单为 code7-4.html。

（1）在元素节点 body 中动态添加如下代码：

```
<p>今天是阳光明媚的一天</p>
```

（2）利用 createElement()方法创建元素节点 p，代码如下：

```
var oP = document.createElement("p");
```

（3）利用 createTextNode()方法创建文本节点，并利用 appendChild()方法将其添加到 oP 节点的 childNodes 列表的末尾，代码如下：

```
var oText = document.createTextNode("今天是阳光明媚的一天");
oP.appendChild(oText);
```

（4）将已经包含了文本节点的元素节点 p 添加到元素节点 body 中，代码如下：

```
document.body.appendChild(oP);
```

（5）这样便完成了 body 中元素节点 p 的创建，如果想测试 appendChild()方法添加的对象的位置，可以在元素节点 body 中预先设置一段文本。此处可测试出 appendChild()方法添加的对象的位置是在节点 childNodes 列表的末尾。完整代码如下：

```html
<!DOCTYPE html>
<html>
<head>
    <meta charset="utf-8">
    <title>创建节点</title>
</head>
<body onload="createP()">
    <p>预先设置的文本，用于测试 appendChild()方法添加的对象的位置</p>
    <script language="javascript">
        function createP(){
            var oP = document.createElement("p");
            var oText = document.createTextNode("今天是阳光明媚的一天");
            oP.appendChild(oText);
            document.body.appendChild(oP);
        }
    </script>
</body>
</html>
```

利用浏览器打开 code7-4.html，即可看到效果，如图 7-5 所示。

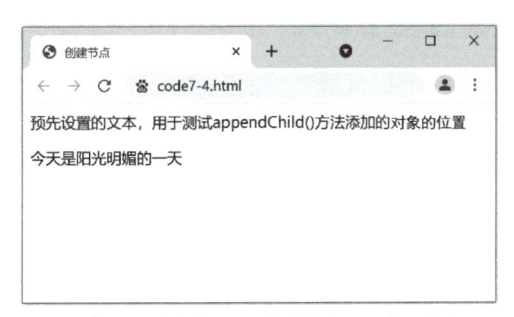

图 7-5　利用 DOM 创建并添加新节点

7.2.4　插入节点

在【训练 7-4】中，利用 appendChild()方法只能将新创建的元素节点 p 插入 body 子节点列表的末尾，如果希望将这个元素节点插入已知节点之前，可以利用 insertBefore()方法。

insertBefore()方法用于在某个指定的节点之前插入一个子节点。语法格式：

```
var beforenote=parentNode.insertBefore(newChild,beforeChild);
```

insertBefore()方法需要设置两个参数，newChild 参数表示要插入的元素节点，beforeChild 参数表示参考的元素节点。将 newChild 节点插入 beforeChild 节点之前。如果 beforeChild 节点不存在，则将 newChild 节点插入 parentNode 节点列表的末尾。

【训练 7-5】利用 DOM 插入新节点。代码清单为 code7-5.html。

```html
<!DOCTYPE html>
<html>
```

```
<head>
    <meta charset="utf-8">
    <title>插入节点</title>
</head>
<body onload="insertP()">
    <p>将新创建的节点插入本行之前</p>
    <script language="javascript">
        function insertP(){
            var oOldP = document.getElementsByTagName("p")[0];
            var oNewP = document.createElement("p");           //创建节点
            var oText = document.createTextNode("今天是阳光明媚的一天");
            oNewP.appendChild(oText);
            oOldP.parentNode.insertBefore(oNewP,oOldP);        //插入节点
        }
    </script>
</body>
</html>
```

利用浏览器打开 code7-5.html，即可看到效果，如图 7-6 所示。

图 7-6　利用 DOM 插入新节点

7.2.5　删除节点

在 DOM 中，删除节点是通过父节点的 removeChild()方法实现的，通常采用的方法是首先找到要删除的节点，然后利用 parentNode 属性找到父节点，将其删除。

removeChild()方法可用来删除某个指定的节点。语法格式：

```
node.parentNode.removeChild(node);
```

其中，参数 node 为要被删除的节点对象。

【训练 7-6】利用 DOM 删除节点。代码清单为 code7-6.html。

```
<!DOCTYPE html>
<html>
<head>
    <meta charset="utf-8">
    <title>删除节点</title>
</head>
<body onload="deleteP()">
    <p>节点被删除，看不见这行文本</p>
    <script language="javascript">
```

```
            function deleteP(){
                var oP = document.getElementsByTagName("p")[0];
                oP.parentNode.removeChild(oP);              //删除节点
            }
        </script>
    </body>
</html>
```

利用浏览器打开 code7-6.html，即可看到效果。

【案例 7-1】制作简易留言板

在用户输入留言后，输入的内容若不是空格或空值，单击"发布"按钮则会在留言区中添加一条留言，并保证最新的留言总是显示在最上面，每条留言后都有"删除"超链接，用户单击"删除"超链接可以删除对应的留言。

【案例分析】

留言板是 Internet 上常见的一种在线互动服务，一般分为前端部分和后端部分，本案例主要对前端部分进行设计，利用 JavaScript 脚本技术模拟留言板操作功能，包括用户输入留言、发布留言、删除留言和展示留言功能。设计过程主要包括编写 HTML 结构、编写 CSS 样式、编写 JavaScript 脚本。

【解决方案】

（1）编写 HTML 结构。代码清单为 message.html。

```
<!DOCTYPE html>
<head>
    <meta charset="UTF-8" />
    <meta name="viewport" content="width=device-width, initial-scale=1.0" />
    <meta http-equiv="X-UA-Compatible" content="ie=edge" />
    <title>简易留言板</title>
    <link rel="stylesheet" type="text/css" href="style.css">
</head>
<body>
    <textarea name="" id=""></textarea>
    <button>发布</button>
    <ul></ul>
    <script type="text/javascript" src="fun.js" ></script>
</body>
</html>
```

（2）编写 CSS 样式。代码清单为 style.css。

```
* {
    margin: 0;
```

```css
        padding: 0;
    }
    body {
        padding: 100px;
    }
    textarea {
        width: 200px;
        height: 100px;
        border: 1px solid pink;
        outline: none;
        resize: none;
    }
    ul {
        margin-top: 50px;
    }
    li {
        width: 300px;
        padding: 5px;
        background-color: rgb(245, 209, 243);
        color: red;
        font-size: 14px;
        margin: 15px 0;
    }
    li a {
        float: right;
    }
```

（3）编写 JavaScript 脚本。代码清单为 fun.js。

```javascript
// 1. 获取元素
var btn = document.querySelector('button')
var text = document.querySelector('textarea')
var ul = document.querySelector('ul')
// 2. 添加事件
btn.onclick = function () {
    if (text.value == '') {
        alert('您没有输入内容')
        return false
    } else {
// (1) 创建元素节点
var li = document.createElement('li')
// 先有 li 才能赋值
li.innerHTML = text.value + "<a href='javascript:;'>删除</a>"
// (2) 添加元素节点
// ul.appendChild(li);
ul.insertBefore(li, ul.children[0])
// (3) 删除元素，删除的是当前超链接的 li，即它的父元素
var del = document.querySelectorAll('a')
```

```
    for (var i = 0; i < del.length; i++) {
      del[i].onclick = function () {
        ul.removeChild(this.parentNode)
      }
    }
  }
}
```

利用浏览器打开 message.html，即可看到效果，如图 7-7 所示。

图 7-7　简易留言板

7.3　DOM 样式操作

对于前端开发人员而言，DOM 在整个网页开发中可以起到关键作用，它可用于检索页面内任意元素或内容的索引目录。开发者可以利用 DOM 提供的接口操作页面中的元素，还可以添加、删除元素，以及修改元素的样式、尺寸、位置等。

7.3.1　存取元素样式

在 JavaScript 中，任何支持 style 属性的 HTML 元素都会有一个对应的 style 属性，可直接通过"元素对象.style.样式属性名"的方式对元素的样式进行操作，样式属性名对应 CSS 样式名。

提示：样式属性名需要去掉 CSS 样式名里的连接线"-"，并将连接线后的英文首字母大写。例如，设置元素背景颜色的样式名为 background-color，对应的样式属性名为 backgroundColor。

style 属性中的样式属性名如表 7-3 所示。

表 7-3　style 属性中的样式属性名

名称	描述
fontSize	元素的字体大小
height	元素的高度
left	定位元素的左侧位置
display	元素的显示类型
background	元素的背景属性
backgroundColor	元素的背景颜色
textAlign	文本的水平对齐方式
textDecoration	文本的修饰
textIndent	文本的第 1 行缩进
listStyleType	列表标签的类型
overflow	处理元素框外的内容
transform	向元素应用 2D 或 3D 转换

【训练 7-7】对元素的样式进行存取。代码清单为 code7-7.html。

```
<!DOCTYPE html>
<html>
<head>
    <meta charset="utf-8">
    <title>存取元素样式</title>
</head>
<body>
    <div id="id1">你你你你你你你你你你我我我我我我我我我我它它它它它它它它它它它</div>
    <script>
        var ele=document.querySelector('#id1');
        ele.style.width='150px';
        ele.style.height='150px';
        ele.style.fontSize='10px';
        ele.style.transform='rotate(10deg)';
    </script>
</body>
</html>
```

利用浏览器打开 code7-7.html，即可看到效果，如图 7-8 所示。

图 7-8　存取元素样式

7.3.2 存取元素尺寸

所谓元素尺寸，是指在 HTML 标签中设置的尺寸样式。在 JavaScript 中，使用如表 7-4 所示的属性可以获取元素的高度和宽度。

表 7-4 与元素尺寸相关的属性

属性	描述
clientWidth	获取元素可视部分的宽度，即 CSS 的 width 和 padding 属性值之和，不包含元素边框和滚动条，也不包含任何可能的滚动区域
clientHeight	获取元素可视部分的高度，即 CSS 的 height 和 padding 属性值之和，不包含元素边框和滚动条，也不包含任何可能的滚动区域
offsetWidth	元素在页面中占据的宽度总和，包含 width、padding、border 及滚动条的宽度
offsetHeight	元素在页面中占据的高度总和，包含 height、padding、border 及滚动条的高度

页面上的每个元素都有 clientHeight 和 clientWidth 属性。这两个属性表示元素可视部分的高度和宽度，指元素的 content（内容）部分再加上 padding 所占据的视觉面积，不包括 border 和滚动条占用的空间，如图 7-9 所示。

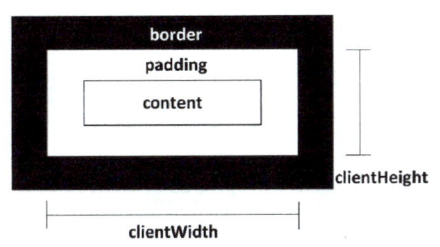

图 7-9 clientHeight 和 clientWidth 属性

【训练 7-8】存取元素尺寸。代码清单为 code7-8.html。

```html
<!DOCTYPE html>
<html>
<head>
    <meta charset="utf-8">
    <title>存取元素尺寸</title>
    <style>
        div{
            width:110px;
            height:100px;
            background:darkblue;
            border-radius: 25%;
            color:aliceblue;
            text-align: center;
            padding:15px;
            line-height:25px;
        }
    </style>
</head>
<body>
    <div id="id1" onclick="funClick()">点我</div>
```

```
    <script>
        var ele=document.querySelector('#id1');
        function funClick(){
           alert(ele.offsetWidth+" "+ele.offsetHeight+" "+ele.clientWidth+"
"+ele.clientHeight);
        };
        console.log(ele.offsetWidth);
        console.log(ele.offsetHeight);
        console.log(ele.clientWidth);
        console.log(ele.clientHeight);
    </script>
  </body>
</html>
```

利用浏览器打开 code7-8.html，单击图形，即可看到效果，如图 7-10 所示。

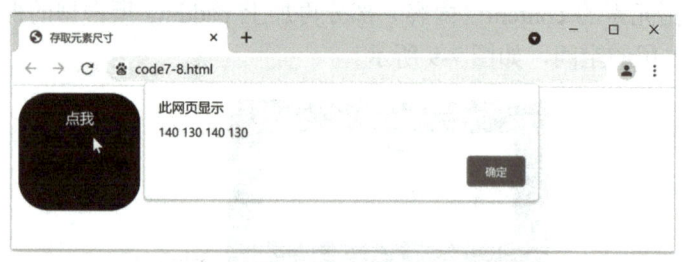

图 7-10　存取元素尺寸

7.3.3　存取元素位置

首先，读者要明确两个基本概念。一个网页的全部面积，就是它的大小。在通常情况下，网页的大小由内容和 CSS 样式表决定。浏览器窗口的大小，则是指在浏览器窗口中看到的那部分网页面积。

如果网页的内容能够在浏览器窗口中全部显示（也就是不出现滚动条），那么网页的大小和浏览器窗口的大小是相等的。如果不能全部显示，则滚动浏览器窗口，可以显示出网页的各个部分。元素大小与位置属性如表 7-5 所示。

表 7-5　元素大小与位置属性

属性	描述
scrollWidth	当元素设置了 overflow:visible 样式属性时，元素的总宽度，也称滚动宽度。在默认状态下，如果该属性值大于 clientWidth 属性值，则元素会显示滚动条，以便用户能够翻阅被隐藏的区域
scrollHeight	当元素设置了 overflow:visible 样式属性时，元素的总高度，也称滚动高度。在默认状态下，如果该属性值大于 clientHeight 属性值，则元素会显示滚动条，以便用户能够翻阅被隐藏的区域
offsetHeight	用于获取元素的真实高度（border-box），它包含该元素的垂直内边距和边框，如果有水平滚动条，还需要加上水平滚动条的高度
offsetWidth	用于获取元素的真实宽度（border-box），它包含该元素的水平内边距和边框，如果有垂直滚动条，还需要加上垂直滚动条的宽度
offsetTop	表示该元素的上边与父容器（offsetParent 对象）上边的距离
offsetLeft	表示该元素的左边与父容器（offsetParent 对象）左边的距离

网页上的每个元素都有 scrollHeight 和 scrollWidth 属性，指包含滚动条在内的该元素的视觉面积。document 对象的 scrollHeight 和 scrollWidth 属性就是网页的大小，意思就是滚动条滚过的所有长度和宽度。

网页元素的绝对位置是指该元素的左上角相对于整个网页左上角的坐标。这个绝对位置要通过计算才能得到，如图 7-11 所示。

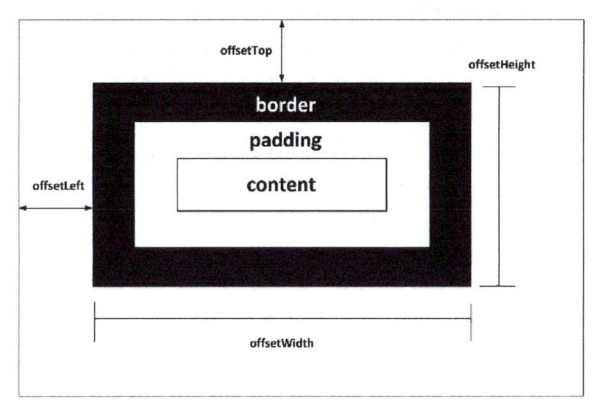

图 7-11 网页元素的绝对位置示意图

【训练 7-9】存取元素位置。代码清单为 code7-9.html。

```html
<!DOCTYPE html>
<html>
<head>
    <meta charset="utf-8">
    <title>存取元素位置</title>
    <style>
        div{
            width:110px;
            height:100px;
            margin-top: 10px;
            background:darkblue;
            border-radius: 0%;
            color:aliceblue;
            text-align: center;
            padding:15px;
            line-height:25px;
        }
    </style>
</head>
<body>
    <div id="id1" onclick="funClick()">点我</div>
    <script>
        var ele=document.querySelector('#id1');
        function getElementLeft(element){
            var actualLeft = element.offsetLeft;
            var current = element.offsetParent;
```

```
                while (current !== null){undefined
                    actualLeft += current.offsetLeft;
                    current = current.offsetParent;
                }
                return actualLeft;
            }
            function getElementTop(element){
                var actualTop = element.offsetTop;
                var current = element.offsetParent;
                while (current !== null){
                    actualTop += current.offsetTop;
                    current = current.offsetParent;
                }
                return actualTop;
            }
            function funClick(){
                alert(getElementLeft(ele)+" "+getElementTop(ele));
            }
        </script>
    </body>
</html>
```

利用浏览器打开 code7-9.html，单击图形，即可看到效果，如图 7-12 所示。

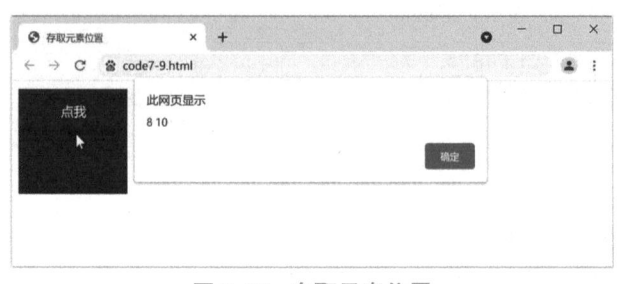

图 7-12 存取元素位置

7.3.4 操作 className 属性

前面提到的 DOM 都是与结构层打交道的，例如，查找节点、添加节点等，而 DOM 还有一个非常实用的 className 属性，用于更改元素样式，其语法格式为"元素对象.className"。访问 className 属性值表示获取元素的类名，为 className 属性赋值表示更改元素类名。若元素有多个类名，则在 className 中用空格分隔。

【训练 7-10】使用 className 属性更改元素样式。代码清单为 code7-10.html。

```
<!DOCTYPE html>
<html>
<head>
    <meta charset="utf-8">
    <title>操作 className 属性</title>
    <style>
```

```
        div {
            width:110px;
            height:100px;
            background-color:darkblue;
         color: white;
        }
        .change{
            background-color: pink;
            color: black;
            font-size: 15px;
            margin-top: 80px;
            margin-left: 80px;
        }
    </style>
</head>
<body>
    <div class="c1" onclick="funClick()">点我</div>
    <script>
        var ele=document.querySelector('div');
        function funClick(){
            ele.className = 'change';
        }
    </script>
</body>
</html>
```

利用浏览器打开 code7-10.html，初始效果如图 7-13 所示，单击图形后的效果和图 7-14 所示。

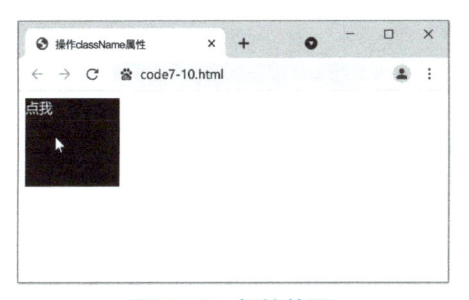

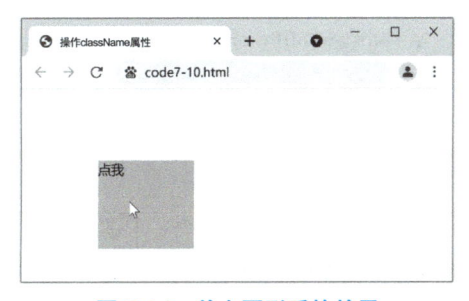

图 7-13　初始效果　　　　　　　　图 7-14　单击图形后的效果

【案例 7-2】实现随滚动条移动的对联广告效果

在页面文档区域两侧添加对联广告，当在页面中拖动滚动条时对联广告在相对固定的位置显示，即广告将随着滚动条的移动而移动，呈现在距离页面顶端不变的位置。

【案例分析】

该案例效果涉及两个方面，首先编写 HTML 代码，然后编写控制对联广告显示和滚动的代码，包括对联广告最初显示的位置，以及当滚动条滚动时对联广告距离页面顶端的位置。将对联广告图片放在层里，通过层坐标控制其在浏览器中的位置，就可以知道具体位置属性。还需要知道窗口当前的滚动情况，也就是当前页面所在的位置及窗口大小。之后比较对联广告图片位置和窗口之间的关系，确定层中对联广告图片向什么方向移动及如何移动。具体涉及 scrollTop 和 style.top 属性，通过定义层对象将对联广告图片显示在页面上。这里使用 document.write() 方法呈现其相应的属性。在页面出现滚动条时，注意 document.body.scrollTop 属性，以及显示对联广告层对象的 style.top 属性的用法。

【解决方案】

（1）编写 HTML 结构。代码清单为 ad.html。

```
<!DOCTYPE html PUBLIC "-//W3C//DTD XHTML 1.0 Transitional//EN"
 "http://www.w3.org/TR/xhtml1/DTD/xhtml1-transitional.dtd">
<html xmlns="http://www.w3.org/1999/xhtml">
<head>
    <meta http-equiv="Content-Type" content="text/html; charset=gb2312" />
<title>对联广告</title>
    <link rel="stylesheet" type="text/css" href="style.css">
</head>
<body>
    <div id="test"></div>
<script type="text/javascript" src="ad.js" ></script>
</body>
</html>
```

（2）编写 CSS 样式。代码清单为 style.css。

```
html,body{
    height:1500px;
}
#test{
    height:1000px;
}
```

（3）编写 JavaScript 脚本。代码清单为 ad.js。

```
var lastScrollY=0;
function adDisplay(){
    var diffY;
    if (document.documentElement && document.documentElement.scrollTop)
        diffY = document.documentElement.scrollTop;
    else if (document.body)
        diffY = document.body.scrollTop;
    percent=.1*(diffY-lastScrollY);
    if(percent>0)
        percent=Math.ceil(percent);
    else
        percent=Math.floor(percent);
```

```
document.getElementById("ad01").style.top=parseInt(document.getElementById("
ad01").style.top)+percent+"px";

document.getElementById("ad02").style.top=parseInt(document.getElementById("
ad01").style.top)+percent+"px";
      lastScrollY=lastScrollY+percent;
   }
   ad01="<DIV id=\"ad01\" style='left:2px;POSITION:absolute;TOP:150px;'>"
   +"<a href='http://www.baidu.com'><img src=images/ad01.jpg border='0'></a>
</div>"
   ad02="<DIV id=\"ad02\" style='right:2px;POSITION:absolute;TOP:120px;'>"
   +"<a href='http://www.baidu.com'><img src=images/ad01.jpg border='0'></a>
</div>"
   document.write(ad01);
   document.write(ad02);
   window.setInterval("adDisplay()",1);
```

利用浏览器打开 ad.html，即可看到效果，如图 7-15 所示。

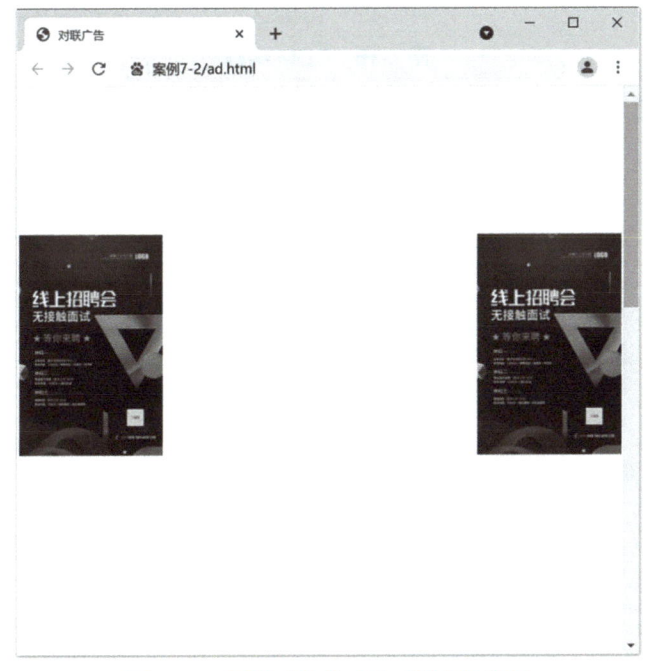

图 7-15　随滚动条移动的对联广告效果

【归纳总结】

本单元介绍了什么是 DOM，DOM 的类型及节点，同时阐述了 DOM 样式操作的过程和方法。读者需重点掌握利用 DOM 实现节点的添加、删除等操作方法。归纳总结如图 7-16 所示。

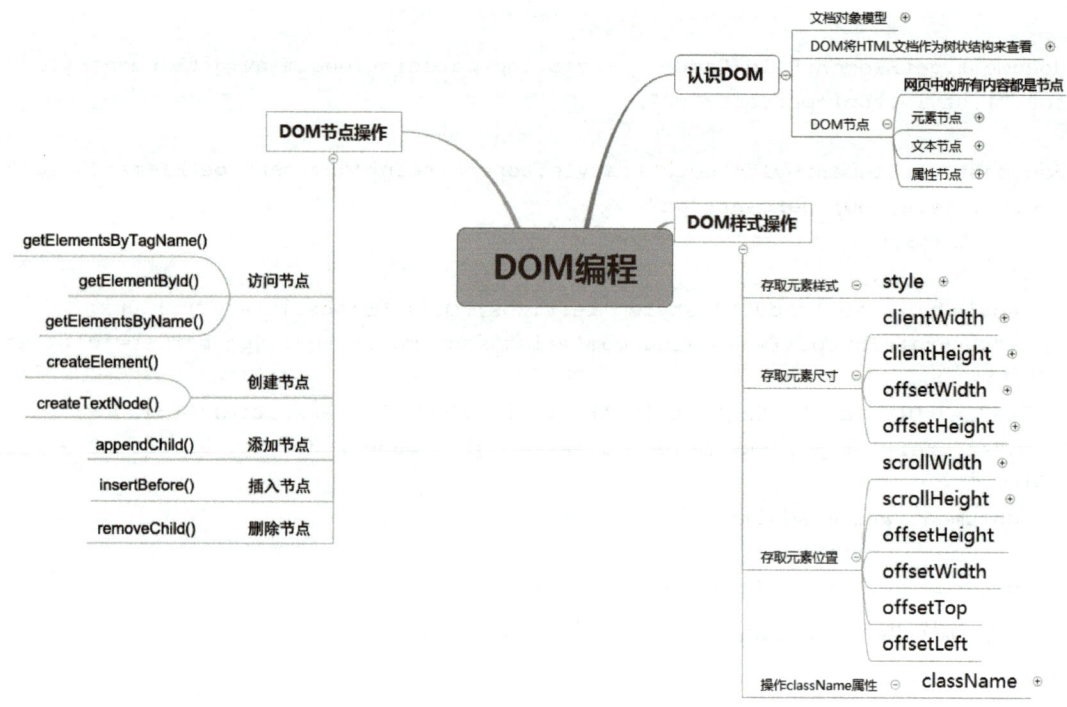

图 7-16　DOM 编程

单元 8　DOM 事件

学习目标

了解 JavaScript 中事件的基本概念，掌握 JavaScript 中常用的事件类型，掌握为 DOM 元素添加事件处理程序的方法。能够利用 JavaScript 的事件，制作出具有良好交互效果的页面。培养学生的逻辑思维和创新意识。

情境引例

一个网站是由多个页面组成的，网站首页作为网站的门面，是网站中最重要的角色，是留给用户第一印象的关键。网站首页就像大门的入口一样，用于向用户展示网站的内部实力，虽然各类网站的作用相当，但是不同定位的网站有不同的功能。网站首页的必备功能就是引导功能，网站首页通过向用户展示网站的基础功能，引导用户体验与使用该网站。

一个电子书城网站首页通常由顶部导航栏、图片轮播图、tab 选项卡、搜索框、侧边栏、下拉列表构成。这些网站首页构成部分的动态交互效果的实现离不开 JavaScript 中的事件及事件处理程序。通过学习本单元，读者将能够制作出一个具有良好交互性并具备基础功能的电子书城网站首页。

8.1　认识 DOM 事件

事件（Event）是 JavaScript 中最引人注目的特性，它为用户提供了一个平台，使用户不仅可以浏览页面的内容，还能够与页面进行交互。JavaScript 使用户能够创建动态页面，事件是动态页面的核心，当用户与浏览器中的 Web 页面进行交互时，事件就发生了。

8.1.1　什么是事件

事件是在文档或浏览器中发生的特定交互瞬间，是浏览器响应用户交互操作的"触发—响应"机制，是可以被 JavaScript 侦测到的行为，是用户在操作浏览器的过程中，由用户触发或由浏览器自身触发的动作，这些动作包括加载页面、单击、按键盘按键、滚动窗口等。

事件定义了用户在与页面交互时产生的各种操作，页面中的每个元素都可以产生某些可以触发 JavaScript 函数的事件。例如，当用鼠标单击按钮时，会产生一个单击事件（click）。

在用户与页面交互过程中可以产生事件，浏览器自身的一些行为也可以产生事件。例如，当重新载入一个页面或关闭一个页面时，将会产生 UI 事件。JavaScript 函数的事件为页面增添了丰富的交互效果，可以帮助开发者创建带有交互效果的页面。

8.1.2 事件的组成

事件由三部分组成，分别是事件源、事件类型和事件处理程序。其中，事件源指触发事件的对象，即谁触发了事件；事件类型指事件的触发方式，即触发了什么事件，例如，单击或键盘输入；事件处理程序指事件触发后要执行的代码，即事件触发后要做什么，一般通过为一个匿名函数赋值的方法来完成。

执行事件需要通过三个步骤，分别是获取事件源、注册事件（绑定事件）和添加事件处理程序（采取为函数赋值的形式）。下面通过【训练 8-1】具体演示事件是如何被执行的。

【训练 8-1】为按钮绑定双击事件。代码清单为 code8-1.html。

```html
<!DOCTYPE html>
<html>
<head>
    <meta charset="utf-8">
    <title>双击按钮</title>
</head>
<body>
    <button id="btn">我是一个按钮</button>
    <script type="text/javascript">
        var btn = document.getElementById("btn");     //1.获取事件源
        //2.注册双击事件
        btn.ondblclick = f;         //3.添加事件处理程序
        function f(){
            alert("我被双击了");
        };
    </script>
</body>
</html>
```

利用浏览器打开 code8-1.html，双击按钮，即可看到效果，如图 8-1 所示。

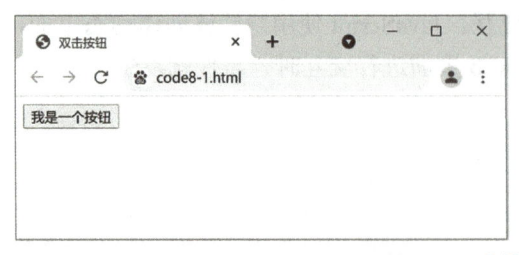

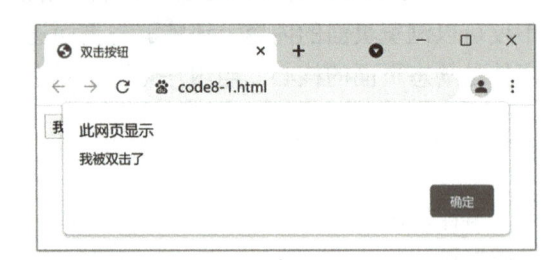

图 8-1　为按钮绑定双击事件

8.1.3 事件传播

事件传播是浏览器决定哪个对象触发事件处理程序的过程。DOM 结构是树状结构，当一个 html 元素产生一个事件时，该事件会在元素节点与根节点之间按特定顺序传播，路径经过的节点都会收到该事件，该传播过程被称为 DOM 事件流。

事件流描述的是从页面中接收事件的顺序。当几个收到事件的元素层叠在一起的时候，单击其中一个元素，不是只有当前被单击的元素会触发事件，而是层叠在单击范围内的所有元素都会触发事件。事件顺序有两种类型，分别是冒泡型事件（Event Bubbling）和捕获型事件（Event Capturing）。

1. 冒泡型事件

顾名思义，冒泡型事件是指事件像水中的气泡一样往上冒，直到顶端。从 DOM 树状结构上理解，就是事件从叶子节点沿祖先节点一直向上传递直到根节点；从浏览器页面视图 html 元素排列层次上理解，就是事件由具有从属关系的最确定的目标元素传递到最不确定的目标元素。冒泡型事件的基本思想是事件按照从最特定的事件目标到最不特定的事件目标的顺序逐一触发。

【训练 8-2】冒泡型事件的应用。代码清单为 code8-2.html。

```html
<!DOCTYPE html>
<html>
<head>
    <meta charset="utf-8">
    <title>冒泡型事件</title>
</head>
<body onclick="add('body<br>');">
    <div onclick="add('div<br>');">
        <p onclick="add('p<br>');">点我</p>
    </div>
    <div id="play"></div>
    <script>
        function add(sEvent){
            var oDiv = document.getElementById("play");
            oDiv.innerHTML += sEvent;
        }
    </script>
</body>
</html>
```

上述代码中的<p>、<div>、<body>标签都被添加了 onclick 属性，用于处理单击事件。运行页面，单击<p>标签中的文本，三个事件处理程序都被触发，触发的顺序如图 8-2 所示。

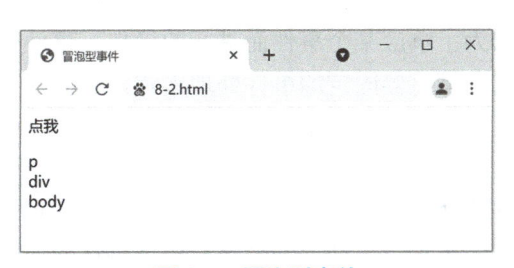

图 8-2 冒泡型事件

从图 8-2 中可以看出，事件的冒泡过程为从 DOM 层级结构的底端向上一层级逐渐上升，如图 8-3 所示。

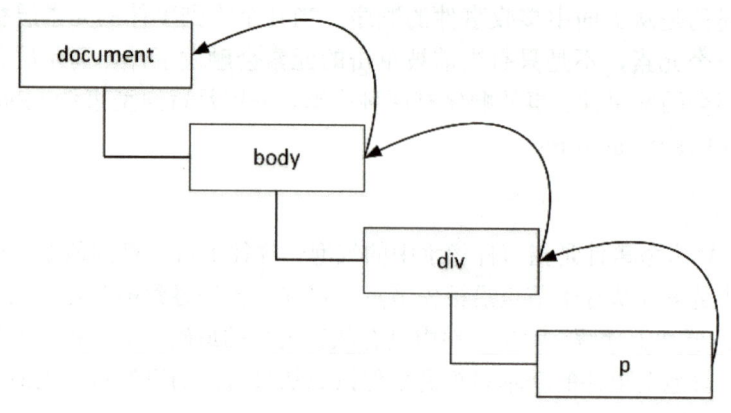

图 8-3　事件的冒泡过程

2. 捕获型事件

捕获型事件与冒泡型事件相反，捕获型事件在开始时由最不具体的节点接收，然后逐级向下传播到最具体的节点，即从不精确的对象到最精确的对象。如果设置了捕获型事件，那么【训练 8-2】中的事件顺序将会反向进行，如图 8-4 所示。

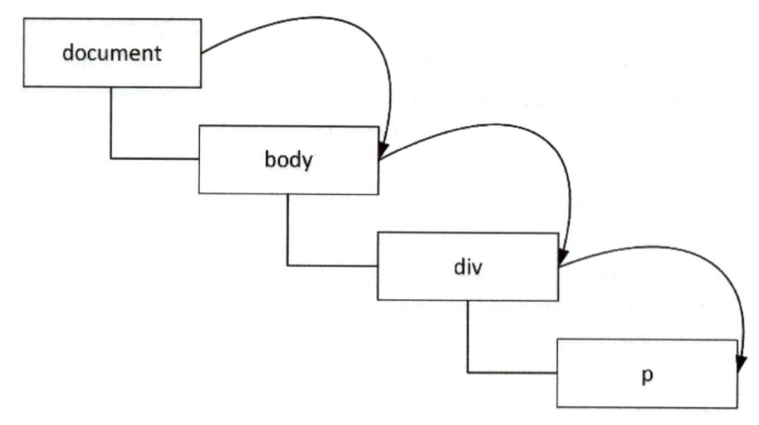

图 8-4　捕获型事件的触发过程

8.2　事件处理程序

事件处理是指浏览器为了响应某个事件而进行的操作。事件处理机制可以改变浏览器响应用户操作的标准方式和浏览器固定的事件处理模式，这样开发者就能开发出具有交互效果的页面，使页面更具有灵活性。如果不进行事件处理，程序就会变得呆板、缺乏灵活性。浏览器在程序运行的大部分时间内等待交互事件的发生，在事件发生时，自动调用事件处理程序，完成对事件的处理。

事件处理过程为：发生事件→启动事件处理程序→事件处理程序做出反应。其中，要使事件处理程序能够启动，必须让对象知道触发了什么事件，要启动什么处理程序。产生事件后，我们就要去处理它，下面讲解事件处理程序的三种方法。

8.2.1　HTML 事件处理程序

对于简单的事件，不需要编写大量复杂的代码，可以直接在 HTML 标签中添加事件处理程序。具体方法是在事件触发的对应 HTML 标签中添加一个进行事件处理的属性，指定属性值为该事件处理程序。语法格式：

```
<标签句柄属性="事件处理程序"[句柄属性="事件处理程序"]>
```

例如，在<p>标签中直接添加 onclick 函数，语句如下：

```
<p onclick="add('p<br>');">点我</p>
```

在 HTML 中几乎所有标签都有 onclick 函数。另外，还可以在标签中直接采用如下 JavaScript 语句。

```
<p onclick="alert('我被单击了');">点我</p>
```

【训练 8-3】在 HTML 标签中指定事件处理程序。代码清单为 code8-3.html。

```
<!DOCTYPE html>
<html>
<head>
    <meta charset="utf-8">
    <title>HTML 事件处理程序</title>
</head>
<body>
    <input id="btn" value="单击" type="button" onclick="show();">
    <script>
        function show(){
            alert("HTML 事件处理程序");
        }
    </script>
</body>
</html>
```

利用浏览器打开 code8-3.html，单击按钮，即可看到效果，如图 8-5 所示。

图 8-5　在 HTML 标签中指定事件处理程序

8.2.2　DOM0 级事件处理程序

DOM0 级事件处理程序即为指定对象添加事件处理程序。在 JavaScript 代码中，经常使用以 on 开头的事件为操作的 DOM 元素对象添加事件与事件处理程序。在 JavaScript 代码中添加事件处理程序，需要添加对象的事件属性及事件处理程序，并且指定事件属性为事件处理程序的名称或代码。语法格式：

```
<script>
对象.事件 = 事件处理程序名称；
(事件处理程序代码)
</script>
```

在上述语法格式中，对象是指使用 getElementById() 等方法获取到的元素节点。

提示：使用该方法添加事件处理程序的特点是具有唯一性，即同一个对象的同一个事件只能添加一个事件处理程序，最后添加的事件处理程序会覆盖前面添加的事件处理程序。

【训练 8-4】DOM0 级事件处理程序的应用。代码清单为 code8-4.html。

```
<!DOCTYPE html>
<html>
<head>
    <meta charset="utf-8">
    <title>DOM0 级事件处理程序</title>
</head>
<body>
    <div>
        <p id="P">点我</p>
    </div>
    <script>
        window.onload = function(){
            var oP = document.getElementById("P");
            oP.onclick = function(){
                alert('我被单击了');
            }
        }
    </script>
</body>
</html>
```

利用浏览器打开 code8-4.html，单击文本，即可看到效果，如图 8-6 所示。

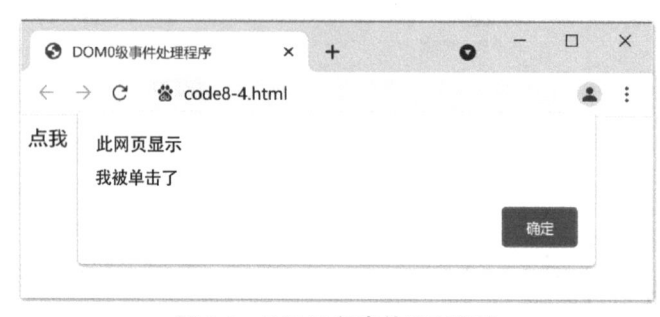

图 8-6　DOM0 级事件处理程序

8.2.3 DOM2 级事件处理程序

DOM2 级事件处理程序也是指为指定对象添加事件处理程序。为了给同一个 DOM 对象的同一个事件添加多个事件处理程序，在 DOM2 级事件模型中引入了事件流的概念，可以让 DOM 对象通过事件监听的方式实现事件绑定。

DOM 定义了两个方法分别用来添加和删除监听函数，即 addEventListener()和 removeEventListener()。这两个方法要接收三个参数，即事件的名称、要分配的函数名和是在冒泡阶段还是在捕获阶段完成事件处理。第三个参数若是在捕获阶段则为 true，否则为 false。语法格式：

```
DOM对象.addEventListener("event_name",fnHandler,bCapture);
DOM对象.removeEventListener("event_name",fnHandler,bCapture);
```

在上述语法格式中，参数 event_name 指 DOM 对象绑定的事件类型，是由事件名称设置的，如 click。参数 fnHandler 指事件的处理程序。参数 bCapture 通常被设置为 false，即在冒泡阶段完成事件处理。

【训练 8-5】DOM2 级事件处理程序的应用。代码清单为 code8-5.html。

```
<!DOCTYPE html>
<html>
<head>
    <meta charset="utf-8">
    <title>DOM2级事件处理程序</title>
</head>
<body>
    <div>
        <p id="P">点我</p>
    </div>
    <script>
        function first(){
            alert("第一次被单击");
        }
        function second(){
            alert("第二次被单击");
        }
        var oP;
        window.onload = function(){
            oP = document.getElementById("P");
            oP.addEventListener("click",first,false);
            oP.addEventListener("click",second,false);
        }
    </script>
</body>
</html>
```

利用浏览器打开 code8-5.html，进行相关操作，即可看到效果，如图 8-7 所示。

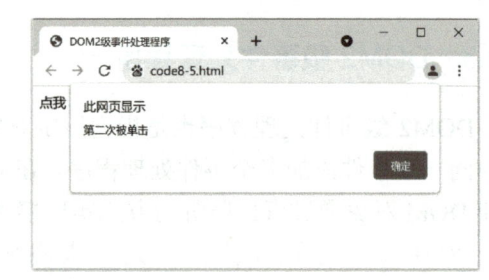

图 8-7　DOM2 级事件处理程序

8.3　事件对象

浏览器中的事件都是以对象的形式存在的，当一个事件发生后，与该事件相关的一系列信息数据的集合都被放到这个对象里。只要有事件，对象就会存在，对象不需要传递参数，它是系统自动创建的。事件对象是与事件相关的一系列信息数据的集合，例如，双击鼠标的事件对象，就包含鼠标的指针坐标等一系列相关信息；按键盘按键的事件对象，就包含被按下按键的键值等一系列相关信息。

8.3.1　DOM 事件对象常用属性

标准的 DOM 规定，event 对象必须作为唯一的参数传给事件处理程序，因此在浏览器中访问事件对象时通常将其作为参数，代码如下：

```
op.onclick = function(oEvent){
}
```

浏览器在获取事件对象后就可以通过它的一系列属性和方法来处理各种具体事件，如鼠标事件、键盘事件和 UI 事件。在事件发生后，在事件对象 event 中不仅包含与特定事件相关的信息，还包含所有事件都有的属性。事件对象常用属性如表 8-1 所示。

表 8-1　事件对象常用属性

属性	描述
event.target	返回触发事件的对象
event.type	返回事件的类型
event.cancelBubble	阻止事件冒泡
event.returnValue	阻止默认事件
event.cancelable	表示该事件是否可以被取消

8.3.2　DOM 事件对象常用方法

事件对象 event 中包含所有事件都有的方法。事件对象常用方法如表 8-2 所示。

表 8-2　事件对象常用方法

方法	描述
event.stopPropagation()	阻止事件冒泡
event.preventDefault()	阻止默认事件

在了解了事件对象常用属性和方法后，下面通过两种常见的使用场景进行训练。

1. 阻止默认事件

在 HTML 中，有些元素标签拥有一些特殊的事件。例如，在单击<a>标签后，浏览器会自动跳转到 href 属性指定的 URL，这种事件叫作默认事件。但在实际开发中，为使程序更加严谨，开发者希望当含有默认事件的标签符合要求后，才能执行默认事件，这时，可以利用事件对象的 event.preventDefault()方法，阻止所有浏览器执行元素的默认事件。

【训练 8-6】禁用<a>标签的超链接。代码清单为 code8-6.html。

```html
<!DOCTYPE html>
<html>
<head>
    <meta charset="utf-8">
    <title>test</title>
    <style>
        a {
            width:110px;
            height:100px;
            background-color:darkblue;
            color: white;
        }
    </style>
</head>
<body>
    <a href="https://www.***.com.cn/" ">新浪网</a>
    <script>
        var a =document.querySelector('a');
        a.onclick = function(e){
          e.preventDefault();
        };
    </script>
</body>
</html>
```

利用浏览器打开 code8-6.html，即可看到<a>标签的超链接被成功禁用。

提示：只有当事件对象的 event.cancelable 属性值为 true 时，才可以使用 event.preventDefault()方法阻止默认事件。

2. 阻止事件冒泡

如果想要阻止事件冒泡，则可以利用事件对象的 event.stopPropagation()方法并设置 event.cancelBubble 属性，实现阻止所有浏览器的事件冒泡。

8.4 事件类型

事件类型是用于说明发生何种事件的字符串，也称事件名称。例如，click 表示鼠标被单击，mousemove 表示鼠标被移动。常用事件如表 8-3 所示。

表 8-3 常用事件

事件名称	触发条件
load	文档被载入
unload	文档被卸载
change	元素被改变
submit	表单被提交
reset	表单被重置
select	文本被选取
blur	标签失去焦点
focus	标签获得焦点
keydown	键盘按键被按下
keypress	键盘按键被按下后又被松开
keyup	键盘按键被松开
click	鼠标被单击
dblclick	鼠标被双击
mousedown	鼠标左键被按下
mousemove	鼠标指针被移动
mouseout	鼠标指针移出标签
mouseover	鼠标指针悬停在标签上
mouseup	鼠标被松开
mousewheel	鼠标滚轮被滚动

8.4.1　UI 事件

UI 事件中的 load 是常用的事件之一，load 事件是在浏览器加载页面时被触发的，它的事件处理程序可以在其他所有页面代码和 JavaScript 程序之前被执行，通常用来完成页面的初始化操作，比如弹出提示对话框、显示欢迎信息或密码认证等。在 window 对象上注册 load 和 unload 事件，等同于在 body 元素上注册 load 和 unload 事件。即：

```
<script>
    window.onload=function(){
        alert("Page Loaded.");
    }
</script>
```

等同于：

```
<body onload="alert('Page Loaded.');">
```

【训练 8-7】触发 load 事件弹出新页面。代码清单为 code8-7.html。

```
<!DOCTYPE html>
<html>
<head>
    <meta charset="utf-8">
    <title>load 事件</title>
```

```
    </head>
    <body onload=showAdWin()>
        <h2>本页面触发load事件</h2>
        <script>
            function showAdWin(){
                var adwin=window.open("code8-8-1.html","win2","width=200,height=30");
                adwin.moveTo(600,320);
                setTimeout("adwin.close()", 2000);
            }
        </script>
    </body>
</html>
```

利用浏览器打开 code8-7.html，即可看到效果，如图 8-8 所示。

图 8-8　触发 load 事件弹出新页面

unload 事件与 load 事件相反，在页面关闭时被触发，使用频率不高，一些电子商务网站在用户关闭页面后弹出对话框表示感谢、欢迎再次光临的效果是采用 unload 事件实现的。

【训练 8-8】触发 unload 事件弹出新页面。代码清单为 code8-8.html。

```
<!DOCTYPE html>
<html>
<head>
    <meta charset="utf-8">
    <title>unload 事件</title>
</head>
<body onunload="msgwin=window.open('code8-9-1.html','win2','width=150,height=30')">
    <h3>本页面触发 unload 事件</h3>
    <p><a href="code8-9-1.html">跳转到新页面</a></p>
</body>
</html>
```

利用浏览器打开 code8-8.html，单击"跳转到新页面"超链接，即可看到效果，如图 8-9 所示。

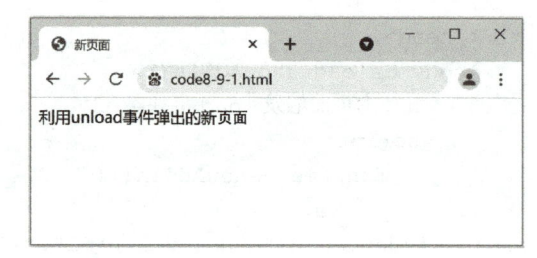

图 8-9　触发 unload 事件弹出新页面

8.4.2　焦点事件

用户可以通过单击鼠标或按键盘上的 Tab 键，使控件获得焦点。当光标进入控件（按钮、文本框、选择框等）时，即当控件变为被操作目标时，将触发 focus 事件。可利用 JavaScript 程序将焦点定位到控件上，代码如下：

```
<form name=fm >
    <input type=text name=tx >
</form>
<script language="javascript">
    document.fm.tx.focus();
</script>
```

上述代码中的 document.fm.tx.focus()语句表示将焦点定位到表单的文本框中。

【训练 8-9】触发 focus 事件设置提示信息。代码清单为 code8-9.html。

```
<!DOCTYPE html>
<html>
<head>
    <meta charset="utf-8">
    <title>focus 事件</title>
</head>
<body>
    <form name=fm>输入提示：<input type=text name=tx size=30> <br>
        请输入用户名：<input type=text size=20 onFocus="document.fm.tx.value='用户名为手机号或身份证号'"> <br>
        请输入密码： <input type=text size=20 onFocus="document.fm.tx.value='密码必须有数字、字母，长度不低于 8 位' "><br>
    </form>
</body>
</html>
```

利用浏览器打开 code8-9.html，当单击第一个文本框时，页面没有发生变化，因为没有为该文本框绑定 focus 事件。当单击第二个文本框时，该文本框将获得焦点，从而触发 focus 事件，显示相应的提示信息，如图 8-10 所示。

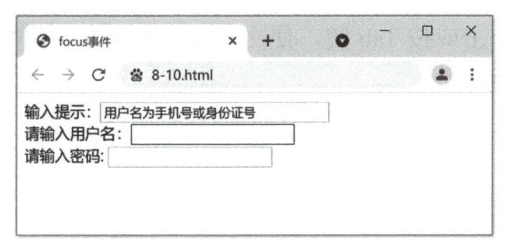

图 8-10 单击第二个文本框触发 focus 事件显示提示信息

当单击第三个文本框时，该文本框将获得焦点，从而触发 focus 事件，显示相应的提示信息，如图 8-11 所示。

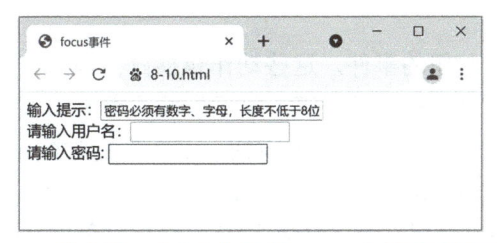

图 8-11 单击第三个文本框触发 focus 事件显示提示信息

blur 事件与 focus 事件完全相反，当光标离开文本插入点或鼠标指针移出表单控件时，控件将会失去焦点，从而触发 blur 事件。

【训练 8-10】触发 blur 事件检查文本框是否为空。代码清单为 code8-10.html。

```html
<!DOCTYPE html>
<html>
<head>
    <meta charset="utf-8">
    <title>blur 事件</title>
</head>
<body>
    <form name=fm> 请输入用户名：<br>
        <input type=text name=tx size=20 onBlur="checkIt() ">
    </form>
    <script language="javascript">
        function checkIt(){
            if(document.fm.tx.value==""){
                alert("请输入用户名")
            }
            else{
                alert("已输入")
            }
        }
    </script>
</body>
</html>
```

利用浏览器打开 code8-10.html，首先单击文本框使其获得焦点，在文本框内输入任何字符，然后在文本框外单击或按 Tab 键，使文本框失去焦点，此时会触发 blur 事件，弹出警告对话框，如图 8-12 所示。

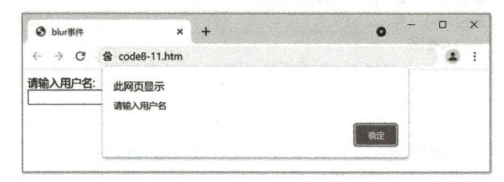

图 8-12 触发 blur 事件检查文本框是否为空

8.4.3 鼠标事件

鼠标事件是响应鼠标动作的事件，这些动作包括鼠标被单击、鼠标被松开、鼠标被移动、鼠标指针悬停在标签上或移出标签等。鼠标事件的类型如表 8-3 所示。

click 事件是由鼠标在一个控件上单击触发的，该事件主要由 mousedown 和 mouseup 事件组成，该事件主要应用于 button、checkbox、link、radio、reset、submit 等控件。

【训练 8-11】触发 click 事件弹出警告对话框。代码清单为 code8-11.html。

```html
<!DOCTYPE html>
<html>
<head>
    <meta charset="utf-8">
    <title>click 事件</title>
</head>
<body>
    <form>
        <input id="b1" type="button" value="第一个按钮"
          onclick="alert(this.form.b1.value);">
        <input id="b2" type="button" value="第二个按钮"
          onclick="alert(form.b2.value);">
    </form>
</body>
</html>
```

利用浏览器打开 code8-11.html，单击第一个按钮，即可看到效果，如图 8-13 所示。

图 8-13 触发 click 事件弹出警告对话框

【训练 8-12】触发 mousemove 事件弹出警告对话框。代码清单为 code8-12.html。

```html
<!DOCTYPE html>
<html>
<head>
```

```
    <meta charset="utf-8">
    <title>mousemove 事件</title>
</head>
<body>
    <p align="center">请将鼠标指针移动到下方的超链接上</p>
    <p align="center"><a href="#"  onmousemove="alert('mousemove 事件被触发');">超链接</a></p>
</body>
</html>
```

利用浏览器打开 code8-12.html，将鼠标指针移动到超链接上，即可看到效果，如图 8-14 所示。

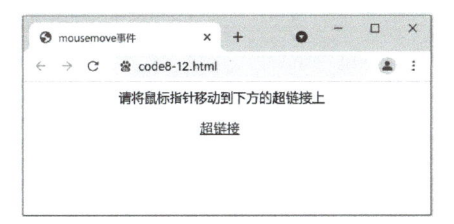

图 8-14　触发 mousemove 事件弹出警告对话框

8.4.4　滚轮事件

当用户通过鼠标滚轮在垂直方向上（无论向上还是向下）滚动页面时，就会触发 mousewheel 事件。与 mousewheel 事件对应的 event 对象除了包含鼠标事件的所有标准信息，还包含一个特殊的属性，即传递给 mousewheel 处理程序的事件对象的 wheelDelta 属性，其用于指定用户滚动滚轮的值。当用户向前滚动鼠标滚轮时，wheelDelta 属性的值是正数，即 120 的倍数；当用户向后滚动鼠标滚轮时，wheelDelta 属性的值是负数，即-120 的倍数。将 DOMMouseScroll 事件添加到页面中的任何元素上，使这个事件可以在任何元素上被触发，最终该事件会冒泡到 document 或 window 对象。

【训练 8-13】返回鼠标滚轮被滚动时 wheelDelta 属性的值。代码清单为 code8-13.html。

```
<!DOCTYPE html>
<html>
<head>
    <meta charset="utf-8">
    <title>滚轮事件</title>
</head>
<body>
    <label for="wheelDelta">滚动值:</label><input type="text" id="wheelDelta"/>
    <script type="text/javascript">
        var scrollFunc=function(e){
            e=e || window.event;
            var t1=document.getElementById("wheelDelta");
            if(e.wheelDelta){//IE/Opera/Chrome
                t1.value=e.wheelDelta;
```

```
            }
        }
        if(document.addEventListener){
            document.addEventListener('DOMMouseScroll',scrollFunc,false); }
        window.onmousewheel=document.onmousewheel=scrollFunc;
    </script>
</body>
</html>
```

利用浏览器打开 code8-13.html，即可看到效果，如图 8-15 所示。

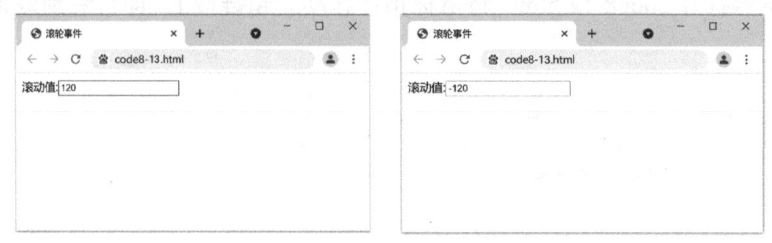

图 8-15 返回鼠标滚轮被滚动时 wheelDelta 属性的值

8.4.5 输入事件

submit 事件是在<form>标签中声明的，通常在表单中会有一个 submit 按钮，当用户完成信息输入，准备将信息提交给服务器时触发该事件。

【训练 8-14】触发 submit 事件检查文本框是否为空。代码清单为 code8-14.html。

```
<!DOCTYPE html>
<html>
<head>
    <meta charset="utf-8">
    <title>submit 事件</title>
</head>
<body>
    <form name="fm" method="post" action="mailto:someone@somewhere.com" enctype="text/plain" onSubmit="return checkIt( )">
    请输入学号：
        <input type=text name=tx size=20 >
        <input type=submit value="提交">
    </form>
    <script language="javascript">
        function checkIt(){
            if (document.fm.tx.value==""){
                alert("您还没有输入学号！")
                document.fm.tx.focus()
                return false
                }
            else{
                return true
```

```
            }
        }
    </script>
</body>
</html>
```

利用浏览器打开 code8-14.html，单击"提交"按钮，即可看到效果，如图 8-16 所示。

图 8-16　触发 submit 事件检查文本框是否为空

reset 事件通常也在<form>标签中声明，它会关联到表单中的 reset 按钮，当用户在表单中完成信息输入，单击 reset 按钮时，将触发 reset 事件，清除表单的所有控件中已经输入的信息，便于用户重新输入。

【训练 8-15】触发 reset 事件清除表单的控件中已输入的信息。代码清单为 code8-15.html。

```
<!DOCTYPE html>
<html>
<head>
    <meta charset="utf-8">
    <title>reset 事件</title>
</head>
<body>
    <form name=fm onReset="return confirm('确定要清除吗？')">
        <input type=text value="请输入学号" size="16">
        <input type=reset value="清除">
    </form>
</body>
</html>
```

利用浏览器打开 code8-15.html，单击"清除"按钮，即可看到效果，如图 8-17 所示。

图 8-17　触发 reset 事件清除表单的控件中已输入的信息

8.4.6　键盘事件

键盘事件是响应键盘输入的事件，要求页面内必须有可被激活的控件。当键盘上某个按键被按下时 keydown 事件被触发，可应用于浏览器的窗口、图像、超链接和文本框等控件。其他常用的键盘事件如表 8-3 所示。

【训练 8-16】触发 keydown 事件弹出警告对话框。代码清单为 code8-16.html。

```html
<!DOCTYPE html>
<html>
<head>
    <meta charset="utf-8">
    <title>keydown 事件</title>
</head>
<body>
    <form name=fm>
        <input type=text name=tx onKeyDown="alert('您刚刚按下了一个按键') " >
    </form>
</body>
</html>
```

利用浏览器打开 code8-16.html，按下键盘上的某个按键，即可看到效果，如图 8-18 所示。

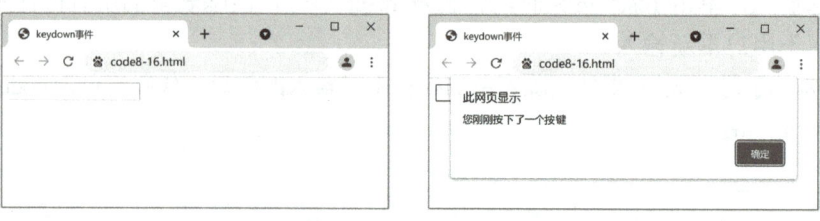

图 8-18　触发 keydown 事件弹出警告对话框

【案例 8-1】实现电子书城网站首页

电子书城网站首页由顶部导航栏、tab 选项卡、下拉列表、搜索框、图片轮播图、侧边栏构成。用户在顶部导航栏中移入鼠标指针则会显示相应的选项卡，为用户展示其下拉列表中的功能模块；用户可以看到搜索框内显示的热搜关键词，直接单击"搜索"按钮或按 Enter 键会跳转到关键词的对应页面；图片轮播图会自动按顺序轮播，将鼠标指针移入则停止轮播，移出则恢复自动轮播，将鼠标指针移动到右下方原点处则会切换对应图片，单击左右两侧的"切换"按钮也可以实现图片的切换；用户在侧边栏中移入鼠标指针会显示相应的二级菜单栏，引导用户找到相应的图书类型。

【案例分析】

导航栏整体设计使用<div>标签，在<div>标签中使用<ul>和<li>标签排列文本，通过 mouseover 事件和 mouseout 事件实现当鼠标指针移动到文本上时，该文本变为红色，当鼠标指针移出该文本时，文本恢复为灰色的功能。使用 form 表单实现搜索框跳转功能，同时用 keydown 事件为搜索框添加一个键盘监听事件来实现按 Enter 键跳转；为搜索框设置 blur、focus 事件来实现单击搜索框后框内文本颜色变暗，搜索框失去焦点时框内文本颜色恢复的功能。在侧边栏中为<ul>标签设置 mouseout、mouseover 事件以展示二级菜单栏，实现方法和导航栏基本相同。通过在 JavaScript 中为轮播图运用定时器和一个 active 方法使每张图片按一定的顺序和时间显示；通过为图片左右的"切换"按钮添加单击事件实现图片的切换功能；通过为轮播图右下方的原点添加一个 mouseover 事件实现图片切换功能。

【解决方案】

（1）编写 HTML 结构。代码清单为 book.html。

```html
<!DOCTYPE html>
<html>
 <head>
    <meta charset="utf-8" />
    <title>电子书城</title>
    <link rel="stylesheet" type="text/css" href="css/content.css" />
 </head>
 <body>
    <!--------------------顶部导航栏-------------------------- -->
    <nav>
        <div class="inner">
            <ul class="t">
                <li><a href="#">您好，请登录</a></li>
                <li><a href="#">我的订单</a></li>
                <li><a href="#">客户服务</a>
                    <ul>
                        <div class="t">
                            <div class="t1">
                                <li>客户</li>
                                <li><a href="#">帮助中心</a></li>
                                <li><a href="#">售后服务</a></li>
                                <li><a href="#">电话客服</a></li>
                            </div>
                            <div class="t2">
                                <li>商户</li>
                                <li><a href="#">合作招商</a></li>
                                <li><a href="#">平台规则</a></li>
                            </div>
                        </div>
                    </ul>
                </li>
            </ul>
        </div>
    </nav>
    <!-- ----------------搜索框-------------------------- -->
    <div class='from'>
        <form>
            <div class='text'>airpods pro</div>
            <input type="text" class="search" id="tt" value=''>
            <input type="submit" class="ss" id="ss" value="搜索" />
```

```html
            </form>
        </div>
        <!-- -----------------热搜------------------------- -->
        <div class="rs">
            <ul>
                <li><a href="#">热搜榜</a></li>
                <li><a href="#">超级探店日</a></li>
                <li><a href="#">跨店满减</a></li>
            </ul>
        </div>
        <!--    --------------正文--------------------------- -->
        <div class="n">
            <div class="slider-nav">
                <ul class="slider-ul">
                    <li class="slider-li">
                        <h3>
                            <h3>文学馆</h3>
                            <a href="#">小说</a>
                            <a href="#">文学</a>
                            <a href="#">传记</a>
                            <a href="#">动漫</a>
                            <a href="#">青春</a>
                        </h3>
                        <ul>
                            <div class="slider-pop">
                                <div class="erji">
                                    <li><a href="" class="pop-li">热门搜索&gt;</a></li>
                                    <li><a href="" class="pop-li">《简•爱》</a></li>
                                    <li><a href="" class="pop-li">《红楼梦》</a></li>
                                    <li><a href="" class="pop-li">东野圭吾</a></li>
                                </div>
                            </div>
                        </ul>
                    </li>
                    <li class="slider-li">
                        <h3>
                            <h3>教育馆</h3>
                            <a href="#">中小学教辅</a>
                            <a href="#">外语学习</a>
                            <a href="#">作文</a>
                        </h3>
                        <ul>
                            <div class="slider-pop">
```

```html
                    <div class="erji">
                        <li><a href="" class="pop-li">热门搜索&gt;</a></li>
                        <li><a href="" class="pop-li">《新华字典》</a></li>
                        <li><a href="" class="pop-li">四大名著</a></li>
                    </div>
                </div>
            </ul>
        </li>
        <li class="slider-li">
            <h3>
                <h3>艺术馆</h3>
                <a href="#">绘画</a>
                <a href="#">书法</a>
                <a href="#">摄影</a>
            </h3>
            <ul>
                <div class="slider-pop">
                    <div class="erji">
                        <li><a href="" class="pop-li">热门搜索&gt;</a></li>
                        <li><a href="" class="pop-li">字帖</a></li>
                        <li><a href="" class="pop-li">彩笔练字帖</a></li>
                    </div>
                </div>
            </ul>
        </li>
        <li class="slider-li">
            <h3>
                <h3>科学馆</h3>
                <a href="#">工业技术</a>
                <a href="#">科普读物</a>
            </h3>
            <ul>
                <div class="slider-pop">
                    <div class="erji">
                        <li><a href="" class="pop-li">热门搜索&gt;</a></li>
                        <li><a href="" class="pop-li">工业机器人</a></li>
                        <li><a href="" class="pop-li">罗非鱼</a></li>
                    </div>
                </div>
```

```html
                </ul>
            </li>
        </ul>
    </div>
    <!-- -----------------轮播图------------------- -->
    <div class="lunbo">
        <div class="content">
            <ul id="item">
                <li class="item">
                    <img src="img/p2.jpg">
                </li>
                <li class="item">
                    <img src="img/p4.jpg">
                </li>
                <li class="item">
                    <img src="img/p5.jpg">
                </li>
                <li class="item">
                    <img src="img/p6.jpg">
                </li>
            </ul>
            <div id="btn-left">&lt;</div>
            <div id="btn-right">&gt;</div>
            <ul id="circle">
                <li class="circle"></li>
                <li class="circle"></li>
                <li class="circle"></li>
                <li class="circle"></li>
            </ul>
        </div>
    </div>
</div>
<script src="js/book.js"></script>
</body>
</html>
```

（2）编写 CSS 样式。代码清单为 content.css。

```css
* {
    margin: 0; padding: 0;
}
a {
    text-decoration: none; list-style: none;
}
li {
    list-style: none;
}
nav a,.ls a {
```

```css
        color: #9b9a99; font-size: 4px; text-align: center;
    }
    nav>.inner {
        background-color: #e3e4e5;
    }
    nav>.inner>ul {
        display: flex; justify-content: flex-end; padding-right: 105px;
    }
    nav>.inner>ul>li {
        margin: 10px 7px 10px;
    }
    nav>.inner>ul ul {
        position: absolute; display: none; background: #e3e4e5;
    }
    nav>.inner>ul>li>ul>li {
        margin: 10px;
    }
    .t1,.t2 {
        margin: 15px;
    }
    .t {
        display: flex;
    }
    .ls a:hover,.inner a:hover {
        color: #E2231A;
    }
    /* --------------------搜索框-------------------------- */
    .from {
        border: 2px solid #e2231a; width: 490px; height: 36px; position: relative;
        margin: 0 auto; margin-top: 30px; font-size: 12px;
    }
    .text {
        position: absolute; line-height: 36px; left: 27px; color: #989898; z-index: -1;
    }
    .search {
        position: absolute; left: 22px; width: 430px; height: 34px; outline: none;
        border: 1px solid transparent; background: transparent; line-height: 34px; overflow: hidden;
    }
    .ss {
        background-color: #e2231a; color: #FFF; width: 60px; height: 35px; font-size: 15px; margin-left: 430px;
    }
    /* -------------------------热搜-------------------------- */
    .rs {
        width: 490px; margin: 0 auto;
```

```css
}
.rs>ul {
    display: flex;
}
.rs>ul>li {
    margin: 10px 5px; margin-left: 10px;
}
.rs a {
    text-decoration: none; list-style: none; color: #9b9a99; font-size: 4px; text-align: center;
}
.rs a:hover {
    color: #E2231A;
}
/* ---------------------内容主体--------------------------------- */
.n {
    display: flex; justify-content: center; background-color: #e3e4e5;
}
.lunbo {
    margin-left: 53px;
}
/* -------------------------侧边栏--------------------------------- */
.n a {
    color: #482e1a;
}
.slider-nav {
    position: relative; width: 232px; height: 330px; border: 1px solid #e2231a;
    background-color: #fff; left: 50px; top: 72; padding: 20px 0;
}
.name {
    font-size: 13px; display: block;
}
.slider-li {
    line-height: 42px; padding: 0 10px 0 30px;
}
.slider-ul a:hover {
    color: #E2231A;
}
.slider-li:hover {
    background-color: rgba(0, 0, 0, 0.18); color: #fff;
}
.slider-pop {
    padding-left: 20px; position: absolute; width: 500px; height: 373px; border: 1px solid #ffffff;
    left: 232px; top: -1px; background-color: #f5f5f5; z-index: 1000;
```

```css
}
.slider-nav>ul ul {
    display: none;
}
.slider-nav h2,.slider-nav h3 {
    color: #000000;
}
.slider-pop>li {
    margin: 0 5px;
}
.erji {
    display: flex;
}
.erji>li {
    margin: 5px 5px;
}
.erji a {
    font-size: 7px; color: #000000;
}
/* ---------------------------------轮播图------------------------- */
.lunbo {
    width: 800px;
}
.content {
    width: 800px; height: 400px; position: relative;
}
.item {
    position: absolute; opacity: 0; transition: all 1s;
}
.item.active {
    opacity: 1;
}
img {
    width: 100%; height: 100%;
}
#btn-left {
    width: 30px; height: 69px; font-size: 30px; color: white; background-color: rgba(0, 0, 0, 0.4);
    line-height: 69px; padding-left: 5px; z-index: 10; position: absolute; left: 0;
    top: 50%; transform: translateY(-60%); cursor: pointer; opacity: 0;
}
.lunbo:hover #btn-left {
    opacity: 1;
}
#btn-right {
    width: 26px; height: 69px; font-size: 30px; color: white; background-
```

```css
color: rgba(0, 0, 0, 0.4);
    line-height: 69px; padding-left: 5px; z-index: 10; position: absolute; right: 0;
    top: 50%; cursor: pointer; opacity: 0; transform: translateY(-60%);
}
.lunbo:hover #btn-right {
    opacity: 1;
}
#circle {
    height: 20px; display: flex; position: absolute; bottom: 35px; right: 25px;
}
.circle {
    width: 10px; height: 10px; border-radius: 10px; border: 2px solid white;
    background: rgba(0, 0, 0, 0.4); cursor: pointer; margin: 5px;
}
.white {
    background-color: #FFFFFF;
}
.foot {
    background-color: #e3e4e5; width: 100%; height: 150px; float: left; margin-top: 50px;
}
.foot h1 {
    margin-top: 50px; margin-left: 10%;
}
.f {
    margin-left: 20%; float: left; margin-top: 20px;
}
```

（3）编写 JavaScript 脚本。代码清单为 book.js。

```javascript
//页面加载完立即执行 window.onload
window.onload = function() {
    var items = document.getElementsByClassName("item");
    var a = document.getElementsByClassName("myimg");
    var circles = document.getElementsByClassName("circle");
    var leftBtn = document.getElementById("btn-left");
    var rightBtn = document.getElementById("btn-right");
    var content = document.querySelector('.content');
    var index = 0;
    var timer = null;
    //清除 class
    var clearclass = function() {
        for (let i = 0; i < items.length; i++) {
            items[i].className = "item";
            circles[i].className = "circle";
            circles[i].setAttribute("num", i);
```

```javascript
    }
}
//跳转页面
function t() {
    location.assign(url[index - 1]);
}
//单击事件
item.onclick = function() {
    t();
}
/*只显示一个class*/
function move() {
    clearclass();
    items[index].className = "item active";
    circles[index].className = "circle white";
}
//单击右边"切换"按钮切换下一张图片
rightBtn.onclick = function() {
    if (index < items.length - 1) {
        index++;
    } else {
        index = 0;
    }
    move();
}
//单击左边"切换"按钮切换上一张图片
leftBtn.onclick = function() {
    if (index > 0) {
        index--;
    } else {
        index = items.length - 1;
    }
    move();
}
//消除初始延迟时间
function callinSound() {
    var callin = $('#callin')[0];
    rightBtn.onclick();
    return callinSound;
}
//启动定时器
timer = setInterval(callinSound(), 4000)
//原点切换
for (var i = 0; i < circles.length; i++) {
    circles[i].addEventListener("mouseover", function() {
        var point_index = this.getAttribute("num");
        index = point_index;
```

```javascript
            move();
        })
    }
    //当鼠标指针移入时清除定时器
    content.onmouseover = function () {
        clearInterval(timer);
    }
    //当鼠标指针移出时开启定时器
    content.onmouseleave = function () {
        clearInterval(timer);
        timer = setInterval(function () {
            rightBtn.onclick();
        }, 4000)
    }
}

let $ = function(sel, ele = document) {
    return ele.querySelectorAll(sel);
}
let m1 = $(".slider-nav>ul>li");
console.log($('ul', m1[2]))
for (let i = 0, len = m1.length; i < len; i++) {
    if ($('ul', m1[i]).length !== 0) {
        m1[i].onmouseover = function(e) {
            $('ul', m1[i])[0].style.display = "block";
        }
        m1[i].onmouseout = function(e) {
            $('ul', m1[i])[0].style.display = "none";
        }
    }


}
let m2 = $("nav>.inner>ul>li");
for (let i = 0, len = m2.length; i < len; i++) {
    if ($('ul', m2[i]).length !== 0) {
        m2[i].onmouseover = function(e) {
            $('ul', m2[i])[0].style.display = "block";
        }
        m2[i].onmouseout = function(e) {
            $('ul', m2[i])[0].style.display = "none";
        }
    }
}

var div = document.querySelector('.from');
var input = document.querySelector('.search');
var text = document.querySelector('.text');
```

```javascript
var tt = document.getElementById("tt");
var ss = document.getElementById("ss");
input.onfocus = function() {
    text.style.color = 'rgb(200,200,200)'
}
input.onblur = function() {
    text.style.color = '#989898'
}
input.oninput = function() {
    text.style.display = 'none';
    if (input.value == '') {
        text.style.display = 'inline-block';
    };
}
ss.onkeydown = function(ev) {
    var oEven = window.event || ev;
    if (oEven.keyCode == 13) {
        ss.onclick;
    }
}
```

利用浏览器打开 book.html，即可看到效果，如图 8-19 所示。

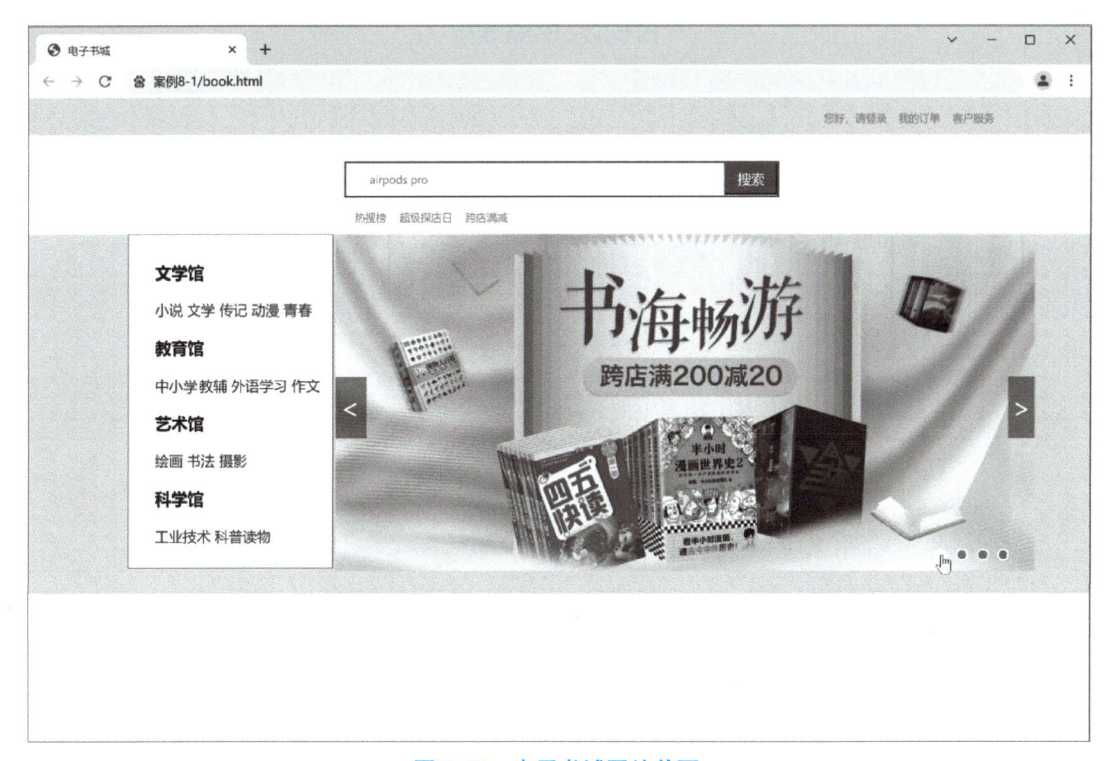

图 8-19　电子书城网站首页

【归纳总结】

本单元介绍了事件的概念、事件的组成、事件处理程序及事件对象，同时阐述了网页中的一些常用事件，并通过具体的实例对每个事件及事件处理程序进行了详细讲解。读者需重点掌握事件对象的常用方法和属性，以及事件类型和事件处理程序。归纳总结如图 8-20 所示。

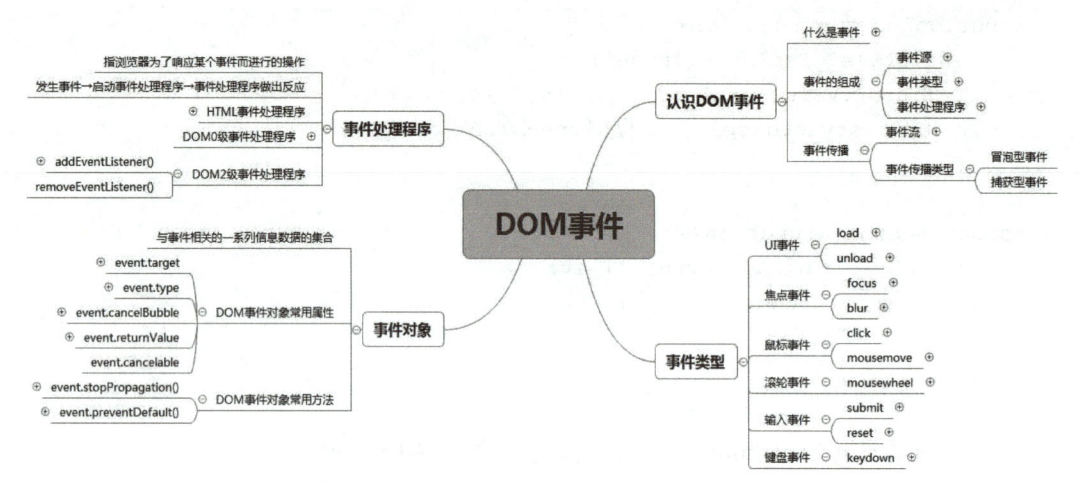

图 8-20　DOM 事件

单元 9　利用 jQuery 编程

学习目标

认识 jQuery 及其设计宗旨。掌握 jQuery 的选择器、DOM 操作、事件处理、动画制作、AJAX 服务端请求的使用方法。能够利用 jQuery 编程，更加简洁、高效地实现页面交互效果。培养学生做一名有效率意识的职业人。

情景引例

随着时代的发展，人们的消费水平越来越高，电影行业也正在快速、健康地发展。在观看电影之前，用户一般会提前在网上购买电影票，在进入购票网站时，其会为用户展示大量的信息，如电影的排行榜，以及对应电影的海报，用户可以选择自己想要看的电影和其对应的场次、座位。选择完成后，用户还可以将选择的电影加入购物车，以便再次进行购买。本单元通过使用 jQuery 来实现这些功能。

9.1　认识 jQuery

jQuery 是一个轻量级的 JavaScript 代码库，是一个被封装好的 JavaScript 文件，提供了更简便的元素操作方式，是一个由 John Resig 创建的开源项目。jQuery 凭借简洁的语法和跨平台的兼容性，极大地简化了 JavaScript 开发人员遍历 HTML 文档、操作 DOM、处理事件、执行动画和开发 AJAX 的操作。其独特而优雅的代码风格改变了 JavaScript 程序员的设计思路和编写程序的方式。总之，无论是网页设计师、后台开发者、业余爱好者还是项目管理者，也无论是 JavaScript 初学者还是 JavaScript 高手，都有足够的理由学习 jQuery。

9.1.1　jQuery 简介

jQuery 是一个快速、简洁的 JavaScript 库，是继 prototype 之后又一个优秀的 JavaScript 代码库（框架）。jQuery 设计的宗旨是"Write less，Do more"，即倡导写更少的代码，做更多的事情。它封装了 JavaScript 常用的功能代码，提供一种简便的 JavaScript 设计模式，优化 HTML 文档操作、事件处理、动画设计和 AJAX 交互。

jQuery 不仅能够将原本需要很多 JavaScript 代码才能实现的功能缩减为几行代码，而且提供了足够高速的性能，是每个网站开发人员都应掌握的技能。

9.1.2 jQuery 特点

（1）一个轻量级的 JavaScript 框架，其代码非常小巧。

jQuery 的核心 JavaScript 文件只有几十 KB，不会影响页面加载速度。与 Extjs 相比，jQuery 要轻便得多。

（2）丰富的 DOM 选择器（CSS1-3 + XPath）。

jQuery 的选择器使用起来很方便，例如，找到某个 DOM 对象的相邻元素 js 可能要写好几行代码，但使用 jQuery 只需编写一行代码就可以实现。

（3）跨浏览器兼容。

jQuery 基本兼容了现在主流的浏览器，开发者不用再处理浏览器的兼容性问题。

（4）链式表达式。

jQuery 的链式表达式可以把多个操作写在一行代码里，更加简洁。

（5）插件丰富。

jQuery 拥有丰富的第三方插件，如树形菜单、日期控件、图片切换按钮、弹出窗口等基本前台页面上的组件都有对应的插件，开发者可以通过插件扩展更多功能。

9.1.3 jQuery 代码编写方法

1. 获取 jQuery

在 jQuery 的官方网站上下载 jQuery-1.12.4.js 文件。

本书以 1.12.4 版本为例进行讲解，在下载 jQuery 文件后，在 HTML 中使用<script>标签将其引入即可。

引入本地下载的 jQuery 文件：<script src="jQuery-1.12.4.js"> </script>。

2. 使用 jQuery

在引入 jQuery 文件后，就可以开始使用 jQuery 的功能。

【训练 9-1】使用 jQuery 的方法隐藏元素。代码清单为 code9-1.html。

```
<!DOCTYPE html>
<html lang="en">
<head>
    <meta charset="UTF-8">
    <title>jQuery</title>
</head>
<body>
    <p>p1</p>
    <p>p2</p>
    <p>p3</p>
    <p>p4</p>
</body>
```

```
<script src="../js/jquery-1.12.4.js"> </script>
<script>
    $("p").hide(); //隐藏所有 p 元素
</script>
</html>
```

在上述代码中，使用 jQuery 方法实现了隐藏所有 p 元素的功能。访问浏览器，可以看到所有 p 元素都被隐藏了，如果我们把 "$("p").hide();" 这行代码注释掉，所有 p 元素就都会显示出来。

由此可见，在使用 jQuery 时，第一步是获取要操作的元素，也就是在$()函数中传入 p，表示所有 p 元素；第二步是调用操作方法，例如，调用 hide()方法将元素隐藏。

在使用 jQuery 时，开发者需要注意代码的书写位置，需要将 jQuery 代码写在要操作的 DOM 元素的后面，确保 DOM 元素已经被加载后，才使用 jQuery 进行操作。如果将 jQuery 代码写在 DOM 元素的前面，则该代码不会生效。

9.1.4　jQuery 对象与 DOM 对象的转换

有时在特定的情况下，需要把 jQuery 对象转换为 DOM 对象，或者把 DOM 对象转换为 jQuery 对象。DOM 对象是用原生的 JavaScript 的 DOM 操作获取的对象，jQuery 对象是通过 jQuery 包装 DOM 对象后产生的对象。这两种对象的使用方式不同，不能混用，但是可以相互转换。

1. 将 jQuery 对象转换为 DOM 对象

将 jQuery 对象转换为 DOM 对象有两种方法：一种是下标方法；另一种是 get()方法。

```
var $li = $("li");              //获取 jQuery 对象
var l = $li[0];                 //使用方法一将 jQuery 对象转换为 DOM 对象
var l = $li.get(0);             //使用方法二将 jQuery 对象转换为 DOM 对象
```

2. 将 DOM 对象转换为 jQuery 对象

我们只需要使用$()函数把 DOM 对象包装起来，就可以获得一个 jQuery 对象。

```
var one = document.getElementById("id")         //获取 DOM 对象
var $two = $(one);                              //将 DOM 对象转换为 jQuery 对象
```

9.2　jQuery 选择器

jQuery 选择器是 jQuery 库中非常重要的部分之一。它支持网站开发人员使用熟知的 CSS 语法快速、轻松地对页面进行设置。了解 jQuery 选择器是打开高效开发 jQuery 之门的钥匙。

9.2.1　认识 jQuery 选择器

jQuery 选择器继承了 CSS 与 XPath 的部分语法，允许通过标签名、属性名或内容对 DOM 元素进行快速、准确的选择，而不必担心浏览器的兼容问题。通过使用 jQuery 选择器对页面元素进行精准定位，可以完成对元素属性和行为的处理。与使用 JavaScript 获取页面元素和编写事务相比，jQuery 选择器具有明显的优势，如代码更简单、拥有完善的检测机制等。

9.2.2 jQuery 选择器分类

根据所获取页面中元素的不同，可以将 jQuery 选择器分为基本选择器、层次选择器、过滤选择器、属性选择器、子元素选择器、表单选择器等。

1. 基本选择器

jQuery 基本选择器和 CSS 选择器非常类似，其常用的基本选择器如表 9-1 所示。

表 9-1 基本选择器

选择器	用法	描述
#id	$("#id")	获取指定 id 的元素
*	$("*")	匹配所有元素
.class	$(".class")	获取同一类 class 的元素
tagName	$("div")	获取相同标签名的所有元素
selector1,…,selectorn	$("div,p,li")	选取多个元素

在表 9-1 中，类选择器、标签选择器等可以获取多个元素，而 id 选择器只能获取 1 个元素。

【训练 9-2】将 p 元素和 div 元素的背景颜色设置为蓝色。代码清单为 code9-2.html。

```html
<!DOCTYPE html>
<html lang="en">
<head>
    <meta charset="UTF-8">
    <title>jQuery</title>
</head>
<body>
    <div>div</div>
    <p>p</p>
</body>
<script src="../js/jquery-1.12.4.js"> </script>
<script>
    $(document).ready(function () {
        $('p,div').css('background', '#00f');
    });
</script>
</html>
```

2. 层次选择器

常用的层次选择器如表 9-2 所示。

表 9-2 层次选择器

选择器	用法	描述
E>F	$("ul>li")	获取子元素
E F	$("ul li")	获取后代元素
E+F	$("h2+div")	获取当前元素紧邻的下一个同级元素
E~F	$("h2~div")	获取当前元素后的所有同级元素

在使用 jQuery 选择器获取元素后,如果不考虑获取到的元素数量,而直接对元素进行操作,则在操作时会发生隐式迭代。隐式迭代是指当要操作的元素实际有多个时,jQuery 会自动对所有的元素进行操作。

【训练 9-3】选择 div 元素内的所有元素。代码清单为 code9-3.html。

```
<!DOCTYPE html>
<html lang="en">
<head>
    <meta charset="UTF-8">
    <title>jQuery</title>
</head>
<body>
    <div id="father">
        <div>div1</div>
        <div>div2
            <p>p1</p>
        </div>
        <div>div3</div>
        <p>p2</p>
    </div>
</body>
<script src="../js/jquery-1.12.4.js"> </script>
    <script>
        $(function () {
            $("#father p").css("backgroundColor", "blue");
        });
    </script>
</html>
```

在使用 jQuery 之前,若要用原生 JavaScript 实现上述操作,需要先获取一个元素集合,然后对集合进行遍历,取出每一个元素,最后执行操作。而 jQuery 具有隐式迭代的功能,开发人员不需要手动对集合进行遍历,jQuery 会根据元素的数量自动进行处理。

3. 过滤选择器

过滤选择器用来过滤元素,通常和其他选择器搭配使用。过滤选择器如表 9-3 所示。

表 9-3 过滤选择器

选择器	用法	描述
:first	$("li:first")	获取第一个 li 元素
:last	$("li:last")	获取最后一个 li 元素

续表

选择器	用法	描述
:eq(index)	$("li:eq(2)")	获取索引为 2 的 li 元素
:odd	$("li:odd")	获取索引为奇数的 li 元素
:even	$("li:even")	获取索引为偶数的 li 元素
:gt(index)	$("li:gt(2)")	获取索引大于 index 的元素
:lt(index)	$("li:lt(2)")	获取索引小于 index 的元素
:not(seletor)	$(:not("p")	获取除指定选择器外的其他元素
:focus	$(:focus)	匹配当前获取焦点的元素
:aninated	$(:aninated)	匹配所有正在实现动画效果的元素
:target	$(:target)	选择由文档 URI 的格式化识别码表示的目标元素
:contains(text)	$(:contains("hello"))	获取内容包含 text 文本的元素
:empty	$(:empty)	获取内容为空的元素
:has (selector)	$(:has ("p"))	获取内容包含指定选择器的元素
:parent	$(:parent)	获取带有子元素或包含文本的元素
:hidden	$(:hidden)	获取所有隐藏元素
:visible	$(:visible)	获取所有可见元素

在实际开发中,有时需要对一个已经用选择器获取的集合进行过滤,此时可以使用过滤方法,常用的过滤方法如表 9-4 所示。

表 9-4 常用的过滤方法

方法	用法	描述
parent()	$("li").parent()	查找父元素
children(selector)	$("ul").children("li")	查找子元素
find(selector)	$("ul").find("li")	查找后代元素
siblings(selector)	$(".first").siblings("li")	查找兄弟节点
nextAll([expr])	$(".first").nextAll	查找当前元素之后的所有同辈元素
prevAll([expr])	$(".last").prevAll()	查找当前元素之前的所有同辈元素
hasClass(class)	$("div").hasClass("protected")	检查当前的元素是否包含特定的类,返回 true 或 false
eq(index)	$("li:eq(2)")	获取索引等于 index 的元素

4. 属性选择器

jQuery 中提供了根据元素的属性获取指定元素的方式。例如,获取包含 class 属性值为 current 的 div 元素。常用的属性选择器如表 9-5 所示。

表 9-5 属性选择器

选择器	描述
[attr]	获取具有指定属性的元素
[attr=value]	获取属性值等于 value 的元素
[attr!=value]	获取属性值不等于 value 的元素
[attr^=value]	获取属性值以 value 开始的元素
[attr$=value]	获取属性值以 value 结尾的元素

5. 子元素选择器

利用子元素选择器可以对子元素进行筛选，常用的子元素选择器如表 9-6 所示。

表 9-6 子元素选择器

选择器	描述
:nth-child(index/even odd/公式)	索引 index 默认从 1 开始，匹配指定 index 索引、偶数、奇数或符合指定公式的子元素
:first-child	获取第一个子元素
:last-child	获取最后一个子元素
:only-child	如果当前元素是唯一的子元素，则匹配

6. 表单选择器

jQuery 提供了针对表单元素的选择器，用来方便表单的开发，如表 9-7 所示。

表 9-7 表单选择器

选择器	描述
:input	获取页面中的所有表单元素，包含 select 及 textarea 元素
:text	选取所有的文本框
:password	选取所有的密码框
:radio	选取所有的单选按钮
:checkbox	选取所有的复选框
:submit	获取 submit 按钮
:reset	获取 reset 按钮
:hidden	获取隐藏表单项
:enabled	获取所有可用表单元素
:disabled	获取所有不可用表单元素
:checked	获取所有选中的表单元素，主要针对 radio 和 checkbox 元素
:selected	获取所有选中的表单元素，主要针对 select 元素

9.2.3　jQuery 中元素属性的操作

jQuery 提供了一些属性操作的方法，主要包括 attr()、prop() 和 data()。通过这些方法，能够实现不同的需求。属性操作的方法如表 9-8 所示。

表 9-8 属性操作的方法

方法	描述
attr()	设置或返回被选元素的自定义属性值
prop()	设置或返回被选元素的固有属性值
data()	用来在指定的元素上存取数据

【训练 9-4】通过 data() 方法实现对数据的操作。代码清单为 code9-4.html。

```
<!DOCTYPE html>
<html lang="en">
<head>
    <meta charset="UTF-8">
    <title>jQuery</title>
```

```
</head>
<body>
    <div>div</div>
</body>
<script src="../js/jquery-1.12.4.js"> </script>
<script>
    $("div").data("uname", "andy");  //设置数据
    console.log($("div").data("uname"));  //获取数据，输出结果：andy
</script>
</html>
```

运行上述代码后，uname 会被保存到内存中。

9.2.4　jQuery 中样式类的操作

类操作是指通过操作元素的类名对元素样式进行操作，当元素样式比较复杂时，如果通过 css()方法实现，则需要在 CSS 里编写很长的代码，既不美观也不方便。而通过写一个类名，把类名加上或去掉来实现相应的操作就会很方便。

在 jQuery 中，样式类操作的方法包括 addClass()（添加类）、removeClass()（移除类）、toggleClass()（切换类）三种，如表 9-9 所示。

表 9-9　样式类操作的方法

方法	描述
addClass()	为每个匹配的元素添加指定的样式类名
removeClass()	从所有匹配的元素中删除全部或者指定的样式类名
toggleClass()	如果存在（不存在）就删除（添加）一个样式类名

addClass()方法的基本语法格式如下：

```
$(selector).addClass("className1")  //添加单个样式类名
$(selector).addClass("className1 className2")  添加多个样式类名
```

removeClass()方法的基本语法格式如下：

```
$(selector).removeClass("className");  //删除单个样式类名
$(selector).removeClass("className1 className2");  //删除多个样式类名
$(selector).removeClass();  //删除全部样式类名
```

toggleClass()方法的基本语法格式如下：

```
$(selector).toggleClass("className");
```

【训练 9-5】为匹配的元素添加多个样式类名。代码清单为 code9-5.html。

```
<!DOCTYPE html>
<html lang="en">
<head>
    <meta charset="UTF-8">
    <title>jQuery</title>
</head>
<body>
```

```
    <div></div>
</body>
<script src="../js/jquery-1.12.4.js"> </script>
<script>
    $(function () {
        $("div").addClass("divClass1 divClass2"); //添加样式类名
    })
</script>
</html>
```

9.2.5 jQuery 中样式属性的操作

在 jQuery 中，可以使用 css()方法来操作样式属性。使用方法如表 9-10 所示。

表 9-10 修改元素样式属性的方法

方法	描述
css("propertyname","value")	返回指定的样式属性的值
css({"propertyname":"value","propertyname":"value",...})	设置多个样式属性

【训练 9-6】在所有匹配的元素中，设置样式属性。代码清单为 code9-6.html。

```
<!DOCTYPE html>
<html lang="en">
<head>
    <meta charset="UTF-8">
    <title>jQuery</title>
</head>
<body>
    <p>p1</p>
</body>
<script src="../js/jquery-1.12.4.js"> </script>
<script>
    $("p").css({
        "margin-left": "10px",
        "background-color": "blue"
    });
</script>
</html>
```

9.2.6 jQuery 中元素内容的操作

jQuery 中操作元素内容的方法主要包括 html()方法、text()方法和 val()方法。html()方法用于获取或设置元素的 HTML 内容，text()方法用于获取或设置元素的文本内容，val()方法用于获取或设置表单元素的 value 属性值。操作元素内容的方法如表 9-11 所示。

表 9-11 操作元素内容的方法

方法	描述
html(val)	获取或设置 jQuery 对象包含的第一个匹配 DOM 元素的 HTML 内容
text(val)	获取或设置 jQuery 对象包含的所有匹配 DOM 元素的文本内容
val(val)	获取或设置 jQuery 对象包含的第一个匹配 DOM 元素的 value 值，实际上就是获取表单元素的 value 属性值

【训练 9-7】元素内容的操作。代码清单为 code9-7.html。

```
<!DOCTYPE html>
<html lang="en">
<head>
    <meta charset="UTF-8">
    <title>jQuery</title>
</head>
<body>
    <div>
        <span>内容</span>
    </div>
    <input type="text" value="请输入">
</body>
<script src="../js/jquery-1.12.4.js"> </script>
<script>
    //获取或设置元素的 HTML 内容
    console.log($("div").html());
    //修改 div 元素的 HTML 内容，HTML 标签会被解析
    $("div").html("<span>我是内容</span>");
    //获取或设置元素的文本内容
    console.log($("div").text());
    //设置 div 元素的文本内容，不解析 HTML 标签
    $("div").text("<span>内容是我</span>");
    //获取或设置表单元素的 value 值
    console.log($("input").val());
    $("input").val("111111"); //设置表单元素的 value 属性值为"111111"
</script>
</html>
```

使用 html()方法获取的元素内容包含 HTML 标签，而使用 text()方法获取的是去除 HTML 标签的文本内容，即将该元素包含的文本内容组合起来的文本。

9.2.7　在 jQuery 中查找元素集合中的元素

在 jQuery 中查找元素集合中的元素是非常常见的操作，查找元素的方法如表 9-12 所示。

表 9-12 查找元素的方法

方法	描述
children()	在子元素中查找
find()	在后代元素中查找
parent()	在父元素中查找

方法	描述
prevAll()	在前面所有的兄弟节点中查找
nextAll()	在后面所有的兄弟节点中查找
siblings()	在前后所有的兄弟节点中查找

【案例 9-1】选择电影和其对应的场次、座位

在购买电影票时，购票网页通常会提供复选框、下拉列表框等控件供用户选择，网页效果如图 9-1 所示。

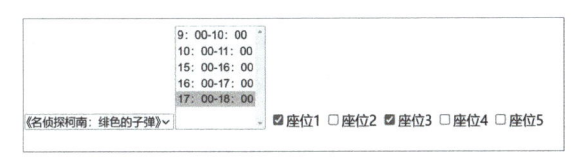

图 9-1 选择电影和其对应的场次、座位

【案例分析】

要实现本案例的效果，需要使用 jQuery 基本选择器、层次选择器等对元素进行操作。在单击下拉箭头时，会弹出选项供用户选择，本案例还要实现单选和多选的功能。

【解决方案】

（1）编写 HTML 结构。代码清单为 case9-1.html。

```
<!DOCTYPE html>
<html lang="en">
<head>
    <meta http-equiv="Content-Type" content="text/html; charset=utf-8" />
    <title>jQuery</title>
</head>
<body>
    <select id="single">
        <option>《名侦探柯南：绯色的子弹》</option>
        <option>《长津湖》</option>
        <option>《哪吒之魔童降世》</option>
        <option>《唐人街探案 3》</option>
        <option>《你好，李焕英》</option>
    </select>
    <select id="multiple" multiple="multiple" style="height:120px">
        <option>9:00-10:00</option>
        <option>10:00-11:00</option>
        <option>15:00-16:00</option>
        <option>16:00-17:00</option>
        <option selected="selected">17:00-18:00</option>
    </select>
```

```html
    <input type="checkbox" value="check1" />座位1
    <input type="checkbox" value="check2" />座位2
    <input type="checkbox" value="check3" />座位3
    <input type="checkbox" value="check4" />座位4
    <input type="checkbox" value="check5" />座位5
</body>
<script src="../js/jquery-1.12.4.js"> </script>
<script src="../js/case9-1.js"></script>
</html>
```

（2）编写 JavaScript 脚本。代码清单为 case9-1.js。

```javascript
$("#single");
$("#multiple");
$(":checkbox").val(["check1", "check3"]);
```

9.3 jQuery 中的 DOM 操作

如果使用 JavaScript 来遍历 DOM 及查找 DOM 的某个部分则需要编写很多冗余的代码，而使用 jQuery 只需要编写一行代码就足够了。使用 jQuery 可以动态地修改页面的 CSS，即使在页面呈现以后，jQuery 仍然能够改变文档中某个部分的类或者个别的样式属性。使用 jQuery 可以很容易地对页面 DOM 进行修改。

9.3.1 创建元素

使用 jQuery 直接在$()函数中传入一个 HTML 字符串即可动态地创建一个元素。例如，创建一个 li 元素，语法格式为$("<li></li>")。

需要注意的是，通过上述方式创建元素后，这个元素并不会显示在页面中，而是被保存在内存中。如果需要将元素显示在页面中，则需要利用添加元素的方法，将元素添加到页面中。

9.3.2 插入元素

jQuery 提供了插入元素的方法，用来向目标元素插入某个元素。插入元素的方法有两种，分别是内部插入元素和外部插入元素。内部插入元素的方法如表 9-13 所示。

表 9-13 内部插入元素的方法

方法	描述
append(content)	向每个匹配的元素内部插入元素
appendTo(content)	把所有匹配的元素追加到另一个指定的元素集合中
prepend	在每个匹配的元素内部前置元素
prependTo	把所有匹配的元素前置到另一个指定的元素集合中

外部插入元素的方法如表 9-14 所示。

表 9-14 外部插入元素的方法

方法	描述
after(content)	在匹配元素集合中的每个元素后面插入参数所指定的元素，作为其兄弟节点
before(content)	根据参数设定，在匹配元素的前面插入元素
insertBefore	在目标元素前面插入集合中每个匹配的元素
insertAfter	在目标元素后面插入集合中每个匹配的元素

【训练 9-8】插入元素方法的使用。代码清单为 code9-8.html。

```
<!DOCTYPE html>
<html lang="en">
<head>
    <meta charset="UTF-8">
    <title>jQuery 的 DOM 操作</title>
</head>
<body>
    <p title="选择你喜欢的水果">你喜欢的水果是？</p>
    <ul>
        <li title="橘子">橘子</li>
        <li title="苹果">苹果</li>
        <li title="香蕉">香蕉</li>
    </ul>
</body>
<script src="../js/jquery-1.12.4.js"> </script>
<script>
    $(function () {
        //创建元素
        var $li = $("<li title='榴梿'>榴梿</li>")
        //将创建的元素插入父元素中
        $("ul").append($li);
        //获取刚刚创建的元素并输出
        alert($("ul li[titer='榴梿']").text());
    });
</script>
</html>
```

9.3.3 复制元素

复制元素的方法有 clone()、clone(true)两种，如表 9-15 所示。

表 9-15 复制元素的方法

方法	描述
clone()	只复制结构，丢失事件
clone(true)	复制结构、事件与数据

【训练 9-9】复制元素方法的使用。代码清单为 code9-9.html。

```
<!DOCTYPE html>
<html lang="en">
```

```html
<head>
    <meta charset="UTF-8">
    <title>jQuery</title>
</head>
<body>
    <div class="class1">
        <div class="class2">单击 clone 进行复制</div>
    </div>
</body>
<script src="../js/jquery-1.12.4.js"> </script>
    <script>
        //使用 clone(true)方法进行复制
        $(".class1").on('click', function () {
            $(".class2").append($(this).clone(true).css('color', 'blue'));
        });
    </script>
</html>
```

9.3.4 替换元素

替换元素的方法有 replaceWith()、replaceAll()两种，如表 9-16 所示。

表 9-16 替换元素的方法

方法	描述
replaceWith()	用提供的内容替换集合中所有匹配的元素并返回被替换元素的集合
replaceAll()	用集合中匹配的元素替换每个目标元素

replaceWith()和 replaceAll()方法的功能类似，区别在于目标和源的位置不同。

replaceWith()与 replaceAll()方法会删除与节点相关联的所有数据和事件处理程序。

9.3.5 包裹元素

包裹元素的方法有 wrap()、unwrap()、wrapAll()、wrapInner()四种，如表 9-17 所示。

表 9-17 包裹元素的方法

方法	描述
wrap()	使用一个回调函数作为参数，返回用于包裹匹配元素的 HTML 内容或 jQuery 对象
unwrap()	指定元素中的所有子节点（清空节点）
wrapAll()	为集合中匹配的元素增加一个外面包裹的 HTML 结构
wrapInner()	将集合中元素内部所有的子元素用其他的元素包裹起来，并当作指定元素的子元素

9.3.6 删除元素

删除元素分为删除匹配的元素本身、删除匹配元素里面的子节点两种情况，用到的方法如表 9-18 所示。

表 9-18 删除元素的方法

方法	描述
remove()	被选元素及其子节点
empty()	指定元素中的所有子节点（清空节点）

【训练 9-10】删除元素方法的使用。代码清单为 code9-10.html。

```html
<!DOCTYPE html>
<html lang="en">
<head>
    <meta charset="UTF-8">
    <title>jQuery</title>
</head>
<body>
    <div>
        <p>p1</p>
        <p>p2</p>
    </div>
</body>
<script src="../js/jquery-1.12.4.js"> </script>
<script>
    $(function () {
        //将第二个 p 元素删除
        var a = $("p:eq(1)").remove();
    });
</script>
</html>
```

【案例 9-2】将电影加入购物车

用户双击想选择的电影名称就会将其加入购物车，也可以将其批量或全部加入购物车，网页效果如图 9-2 所示。

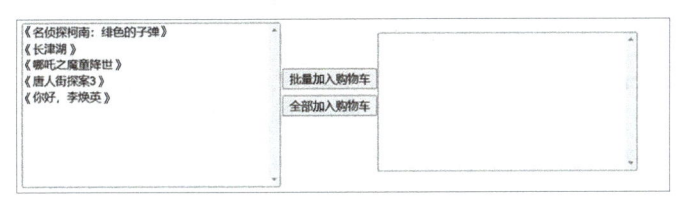

图 9-2 将电影加入购物车

【案例分析】

本案例需要使用 jQuery 中的 DOM 操作（使用 append()方法）插入元素。在页面中输出结果后，用户可以对页面中的元素进行操作。当单击想要选择的电影名称后，单击"批量加入购物车"按钮可以将其批量加入购物车；双击电影名称也可以将该电影名称加入购物车；单击"全部加入购物车"按钮可以将电影名称全部加入购物车。

【解决方案】

（1）编写 HTML 结构。代码清单为 case9-2.html。

```html
<!DOCTYPE html>
<html>
<head>
    <meta charset="UTF-8">
    <title>jQuery</title>
</head>
<body>
    <div>
        <select style="width:300px" multiple size="10" id="leftID">
            <option>《名侦探柯南：绯色的子弹》</option>
            <option>《长津湖》</option>
            <option>《哪吒之魔童降世》</option>
            <option>《唐人街探案3》</option>
            <option>《你好，李焕英》</option>
        </select>
    </div>
    <div style="position:absolute;left:310px;top:60px">
        <input type="button" value="批量加入购物车" id="rightMoveID" />
    </div>
    <div style="position:absolute;left:310px;top:90px">
        <input type="button" value="全部加入购物车" id="rightMoveAllID" />
    </div>
    <div style="position:absolute;left:420px;top:20px">
        <select multiple size="10" style="width:300px" id="rightID">
        </select>
    </div>
</body>
<script src="../js/jquery-1.12.4.js"></script>
<script src="../js/case9-2.js"></script>
</html>
```

（2）编写 JavaScript 脚本。代码清单为 case9-2.js。

```javascript
//双击右移
//定位左边的下拉列表框，同时添加双击事件
$("#leftID").dblclick(function () {
    //获取双击时被选中的<option>标签
    var $option = $("#leftID option:selected");
    //将选中的<option>标签移动到右边的下拉列表框中
    $("#rightID").append($option);
});
//批量右移
//定位"批量加入购物车"按钮，同时添加单击事件
$("#rightMoveID").click(function () {
    //获取左边下拉列表框中被选中的<option>标签
```

```
        var $option = $("#leftID option:selected");
        //将选中的<option>标签移动到右边的下拉列表框中
        $("#rightID").append($option);
    });
    //全部右移
    //定位"全部加入购物车"按钮，同时添加单击事件
    $("#rightMoveAllID").click(function () {
        //获取左边下拉列表框中所有的<option>标签
        var $option = $("#leftID option");
        //将所有的<option>标签移动到右边的下拉列表框中
        $("#rightID").append($option);
    });
```

9.4 jQuery 中的事件处理

jQuery 中的事件有很多种类型，有通过鼠标触发的，也有通过键盘触发的，当然还有典型的页面加载事件。这些事件都能通过 jQuery 代码来实现，而且相比 JavaScript 代码，其更简洁，代码量也更少。

9.4.1 jQuery 中的事件处理机制

jQuery 中的事件处理机制在 jQuery 框架中起着非常重要的作用。事件处理是它的核心。jQuery 中的事件处理机制完全是基于 JavaScript 的，只不过是与 JavaScript 显示的调用方法不同（因为 jQuery 是 JavaScript 的代码库）。

9.4.2 jQuery 中的页面载入事件

jQuery 中的页面载入事件使用的是 ready()方法。这个方法类似于 JavaScript 中的 OnLoad()方法，这两种方法在事件执行时间上有所区别，在执行效果上，ready()方法明显优于 JavaScript 中的 OnLoad()方法。

ready()方法的工作原理：在 jQuery 脚本被加载到页面时，jQuery 会设置一个 isReady 标签，用于监听页面加载的进度，当遇到执行 ready()方法时，查看 isReady 值是否被设置，如果未被设置，就说明页面并未加载完成，在此情况下，将未完成的部分用一个数组缓存起来，当页面全部加载完成后，再将未完成的部分通过缓存一一执行。语法格式：

```
$(document).ready(function () {});
```

9.4.3 jQuery 中的事件绑定

在 jQuery 中，实现事件绑定有两种方式：一种是通过事件方法进行绑定；另一种是通过 on()方法进行绑定。

1. 通过事件方法绑定事件

通过事件方法绑定事件是通过调用某个事件方法（如 click()、change()等），传入事件

处理程序来实现的。jQuery 中的事件与 DOM 中的事件相比，省略了开头的 on，如 jQuery 中的 click()对应 DOM 中的 onclick，并且 jQuery 中的事件方法允许为一个事件绑定多个事件处理程序，只需多次调用事件方法，传入不同的事件处理程序即可。

jQuery 中常用的事件方法如表 9-19 所示。

表 9-19　事件方法

分类	方法	描述
表单事件	blur([[data],funcion])	当元素失去焦点时触发
	focus([[data],function])	当元素获取焦点时触发
	changel([[data],function])	当元素的值发生改变时触发
	focusin([data],function)	在父元素上检测子元素获取焦点的情况
	focusout([data],function)	在父元素上检测子元素失去焦点的情况
	select([[data],function])	当文本框（包括<input>和<textarea>）中的文本被选中时触发
	submit([[data],function])	当表单被提交时触发
键盘事件	keydown([[data],function])	当键盘按键被按下时触发
	keyup ([[data],function])	当键盘按键弹起时触发
鼠标事件	mouseover([data],function])	当鼠标指针移入元素时触发
	mouseout([[data],function])	当鼠标指针从元素上离开时触发
	click([[data],function])	当单击元素时触发
	dblclick([[data],function])	当双击元素时触发
浏览器事件	scroll([[data],function])	当滚动条发生变化时触发
	resize([[data],function])	当调整浏览器窗口的大小时触发

2. 通过 on()方法绑定事件

on()方法可以在匹配元素上绑定一个或多个事件处理程序。语法格式：

```
element.on(events,[selector],fn)
```

【训练 9-11】on()方法的使用。代码清单为 code9-11.html。

```html
<!DOCTYPE html>
<html lang="en">
<head>
    <meta charset="UTF-8">
    <title>jQuery</title>
</head>
<body>
    <div>div1</div>
</body>
<script src="../js/jquery-1.12.4.js"> </script>
<script>
    //绑定一个事件处理程序
    $("div").on("click", function () {
        $(this).css("background", "yellow")
    });
    //绑定多个事件处理程序
    $("div").on({
        mouseenter: function () {
```

```
            $(this).css("background", "skyblue");
        },
        click: function () {
            $(this).css("background", "purple");
        },
        mouseleave: function () {
            $(this).css("background", "blue");
        }
    });
    //为不同的事件绑定相同的事件处理程序
    $("div").on("mouseenter mouseleave", function () {
        $(this).toggleClass("current");
    });
</script>
</html>
```

9.4.4 jQuery 中的事件冒泡

在一个对象上触发某类事件，如果此对象定义了此事件的处理程序，那么此事件会调用这个处理程序；如果没有定义此事件的处理程序或者事件返回 true，那么这个事件会向这个对象的父级对象传播，从里到外，直至被处理，或者到达对象层次的顶层。

例如，页面上有两个元素，其中一个元素嵌套在另一个元素里，并且这两个元素都被绑定了 click 事件，同时 body 元素也绑定了 click 事件，当执行一次 click 事件时，将会触发三次响应。

【训练 9-12】单击 p 元素，即触发 p 元素的 click 事件，会输出三条记录。代码清单为 code9-12.html。

```
<!DOCTYPE html>
<html lang="en">
<head>
    <meta charset="UTF-8">
    <title>jQuery</title>
</head>
<body>
    <div id="w">
        <p>内层 p</p>
    </div>
    <div id="n"></div>
</body>
<script src="../js/jquery-1.12.4.js"> </script>
<script>
    $(function () {
        //为 p 元素绑定 click 事件
        $("p").on("click", function () {
            var txt = $("#n").html() + "内层 p 元素被单击";
            $("#n").html(txt);
        });
```

```
        //为div元素绑定事件
        $("#w").on("click", function () {
            var txt = $("#n").html() + "外层div元素被单击";
            $("#n").html(txt);
        });
        //为body元素绑定事件
        $("body").on("click", function () {
            var txt = $("#n").html() + "body元素被单击";
            $("#n").html(txt);
        });
    })
</script>
</html>
```

单击内部 p 元素就会触发外部的 div 和 body 元素上绑定的 click 事件，这是由事件冒泡引起的，并且每个元素都会按照特定的顺序响应 click 事件。

另外我们也可以阻止事件冒泡，只需使用 stopPropagation()方法即可。

```
//为p元素绑定click事件
    $("p").on("click",function(){
        var txt = $("#n").html() + "内层p元素被单击";
        $("#n").html(txt);
event.stopPropagation();    //阻止事件冒泡
    });
```

使用 preventDefault()方法可阻止默认行为，如下所示。

```
event.preventDefault();
```

9.4.5 jQuery 中的合成事件

hover()是一个模仿悬停事件（鼠标指针移动到一个元素上及移出这个元素）的方法，当鼠标指针移动到一个匹配的元素上时，会触发指定的第一个函数；当鼠标指针移出这个元素时，会触发指定的第二个函数。

```
    $("#id .class").hover(function(){
        $(this).next().show();   //鼠标指针移动到元素上时触发
    },function(){
        $(this).next().hide();   //鼠标指针移出元素时触发
    }
);
```

toggle()方法用于绑定两个或多个事件处理程序，每触发一次事件就会调用下一个事件处理程序，循环往复。

```
$("#id .class").toggle(function(){
        $(this).next().toggle();   //第一次单击时触发
    },function(){
        $(this).next().toggle();   //第二次单击时触发
    }
);
```

9.4.6 jQuery 中的模拟事件触发操作

在事件被触发时，有时我们需要进行一些模拟用户行为的操作。例如，当页面加载完成后，开发者自行单击一个按钮触发一个事件，而不是由用户单击，这时可以使用 trigger() 方法。

【训练 9-13】模拟用户单击行为。代码清单为 code9-13.html。

```html
<!DOCTYPE html>
<html lang="en">
<head>
    <meta charset="UTF-8">
    <title>jQuery</title>
</head>
<body>
    <div>
        <button>按钮</button>
    </div>
</body>
<script src="../js/jquery-1.12.4.js"> </script>
<script>
    $('button').click(function () {
        alert('我的第一次单击用于模拟！');
    }).trigger('click');
</script>
</html>
```

【案例 9-3】显示电影排行榜

在页面中显示电影排行榜，通过事件处理机制来完成用户与页面的交互（执行鼠标操作会触发事件），网页效果如图 9-3 和图 9-4 所示。

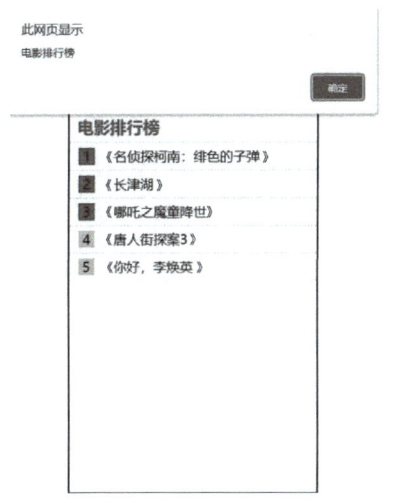

图 9-3 自动弹出警告对话框   图 9-4 电影排行榜

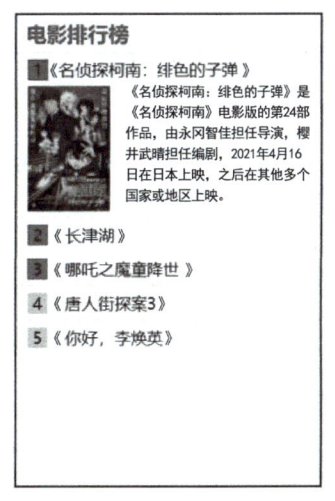

【案例分析】

在页面中可以使用 trigger()、addClass()等方法通过模拟用户行为触发单击事件和鼠标事件来实现本案例的效果。在刚进入页面时会触发单击事件，页面自动弹出警告对话框，单击"确定"按钮后该对话框消失。当鼠标指针悬停在某个电影名称上，就会弹出关于这个电影的信息简介；当鼠标指针移出该电影名称时，信息简介会自动消失。

【解决方案】

（1）编写 HTML 结构。代码清单为 case9-3.html。

```html
<!DOCTYPE html>
<html lang="en">
<head>
    <meta http-equiv="Content-Type" content="text/html; charset=utf-8" />
    <title>jQuery</title>
    <link rel="stylesheet" href="../css/case9-3.css">
    </link>
</head>
<body>
    <button></button>
    <div class="cont">
        <h1>电影排行榜</h1>
        <ul>
            <li><span>1</span>《名侦探柯南：绯色的子弹》
                <div class="text">
                    <img src="../img/柯南.png">
                    <p>《名侦探柯南：绯色的子弹》是《名侦探柯南》电影版的第 24 部作品，由永冈智佳担任导演，樱井武晴担任编剧，2021 年 4 月 16 日在日本上映，之后在其他多个国家或地区上映。</p>
                </div>
            </li>
            <li><span>2</span>《长津湖》
                <div class="text">
                    <img src="../img/长津湖.png">
                    <p>该片以抗美援朝战争第二次战役中的长津湖战役为背景，讲述了中国人民志愿军东线作战部队凭着钢铁意志和英勇无畏的战斗精神，扭转战场态势，为长津湖战役胜利做出重要贡献的故事。</p>
                </div>
            </li>
            <li><span>3</span>《哪吒之魔童降世》
                <div class="text">
                    <img src="../img/哪吒.png">
                    <p>该片改编自中国神话故事，讲述了哪吒虽"生而为魔"却"逆天而行斗到底"的成长经历的故事。该片于 2019 年 7 月 26 日在中国上映。</p>
                </div>
            </li>
```

```html
            <li><span>4</span>《唐人街探案 3》
                <div class="text">
                    <img src="../img/唐人街探案 3.png">
                    <p>该片讲述了继"曼谷夺金杀人案""纽约五行连环杀人案"后，唐仁、秦风被野田昊请到东京，调查一桩离奇的谋杀案的故事。该片于 2021 年 2 月 12 日在中国上映。</p>
                </div>
            </li>
            <li><span>5</span>《你好，李焕英》
                <div class="text">
                    <img src="../img/你好李焕英.png">
                    <p>该片讲述了刚考上大学的女孩贾晓玲经历了一次人生的大起大落后情绪失控，随后意外穿越到了 20 世纪 80 年代，与 20 年前正值青春的母亲李焕英相遇的故事。</p>
                </div>
            </li>
        </ul>
    </div>
</body>
<script src="../js/jquery-1.12.4.js"> </script>
<script src="../js/case9-3.js"></script>
</html>
```

（2）编写 CSS 样式。代码清单为 case9-3.css。

```css
* {
    margin: 0;
    padding: 0;
}

.cont {
    width: 300px;
    height: 450px;
    border: 2px solid black;
    margin: 100px auto;
}

.cont>h1 {
    font-size: 20px;
    line-height: 35px;
    color: red;
    padding-left: 10px;
    border-bottom: 1px dashed gainsboro;
}

ul>li {
    list-style: none;
    padding: 5px 10px;
    border: 1px dashed gainsboro;
```

```css
ul>li>span {
    display: inline-block;
    width: 20px;
    height: 20px;
    background: #cccccc;
    text-align: center;
    line-height: 20px;
    margin-right: 5px;
}

ul>li:nth-child(-n+3)>span {
    background: red;
}

.text {
    overflow: hidden;
    display: none;
}

.text>img {
    margin-top: 5px;
    width: 80px;
    height: 120px;
    float: left;
}

.text>p {
    width: 180px;
    height: 120px;
    float: right;
    font-size: 12px;
    line-height: 20px;
}

.current .text {
    display: block;
}
```

（3）编写 JavaScript 脚本。代码清单为 case9-3.js。

```javascript
$(function () {
    // 移入事件
    $('li').mouseenter(function () {
        $(this).addClass('current')
    })
    // 移出事件
    $('li').mouseleave(function () {
```

```
            $(this).removeClass('current')
        })
    })
    //模拟用户单击行为
    $('button').click(function () {
        alert('电影排行榜');
    }).trigger('click');
```

9.5　jQuery 中的动画

在网页开发中,适当地使用动画可以使网页更加美观,进而增强用户体验。jQuery 中内置了一系列方法用于实现动画,当这些方法不能满足实际需求时,用户还可以自定义动画。

9.5.1　显示和隐藏效果

用于实现显示和隐藏效果的方法如表 9-20 所示。

表 9-20　用于实现显示和隐藏效果的方法

方法	描述
show([speed,[easing],[fn]])	显示隐藏的匹配元素
hide([speed,[easing],[fn]])	隐藏显示的匹配元素
toggle([speed,[easing],[fn])	元素显示与隐藏切换

【训练 9-14】用于实现显示和隐藏效果的方法的使用。代码清单为 code9-14.html。

```
<!DOCTYPE html>
<html>
<head>
    <meta charset="UTF-8">
    <title>jQuery</title>
</head>
<body>
    <p>hello</p>
    <button id="hide" type="button">隐藏</button>
    <button id="show" type="button">显示</button>
    <button type="button">显示和隐藏切换</button>
</body>
<script src="../js/jquery-1.12.4.js"> </script>
<script>
    $(document).ready(function () {
        //切换
        $("button").click(function () {
            $("p").toggle();
        });
        //隐藏
        $("#hide").click(function () {
            $("p").hide();
```

```
            });
            //显示
            $("#show").click(function () {
                $("p").show();
            });
        });
    </script>
</html>
```

9.5.2 滑动效果

用于实现滑动效果的方法如表 9-21 所示。

表 9-21 用于实现滑动效果的方法

方法	描述
slideDown()	滑动显示隐藏的匹配元素
slideUp()	滑动隐藏显示的匹配元素
slideToggle()	元素显示与隐藏的切换

【训练 9-15】用于实现滑动效果的方法的使用。代码清单为 code9-15.html。

```
<!DOCTYPE html>
<html lang="en">
<head>
    <meta charset="UTF-8">
    <title>Title</title>
</head>
<body>
    <button id="slideDown">显示</button>
    <button id="slideUp">隐藏</button>
    <button id="slideToggle">显示和隐藏切换</button>
    <div id="content">helloworld</div>
</body>
<style>
    #content {
        text-align: center;
        background-color: lightblue;
        border: solid 1px red;
        display: none;
        padding: 50px;
    }
</style>
<script src="../js/jquery-1.12.4.js"> </script>
<script>
    $(document).ready(function () {
        $("#slideDown").click(function () {
            $("#content").slideDown(1000);
```

```
        });
        $("#slideUp").click(function () {
            $("#content").slideUp(1000);
        });
        $("#slideToggle").click(function () {
            $("#content").slideToggle(1000);
        })
    });
</script>
</html>
```

9.5.3 淡入淡出效果

用于实现淡入淡出效果的方法如表 9-22 所示。

表 9-22 用于实现淡入淡出效果的方法

方法	描述
fadeIn()	用于淡入已隐藏的元素
fadeOut()	用于淡出可见元素
fadeToggle()	在淡入与淡出之间进行切换
fadeTo()	允许渐变为给定的不透明度（值介于 0～1 之间）

【训练 9-16】用于实现淡入淡出效果的方法的使用。代码清单为 **code9-16.html**。

```
<!DOCTYPE html>
<html lang="en">
<head>
    <meta charset="UTF-8">
    <title>Title</title>
</head>
<body>
    <button id="in">淡入</button>
    <button id="out">淡出</button>
    <button id="toggle">切换</button>
    <button id="fadeto">不透明度</button>
    <div id="div1" style="width:80px;height:80px;background-color:red;">
    </div>
</body>
<script src="../js/jquery-1.12.4.js"> </script>
<script>
    $(document).ready(function () {
        $("#toggle").click(function () {
            $("#div1").fadeToggle(1000);
        });
        $("#out").click(function () {
            $("#div1").fadeOut(1000);
        });
```

```
        $("#fadeto").click(function () {
            $("#div1").fadeTo(1000, 0.4);
        });
        $("#in").click(function () {
            $("#div1").fadeIn(1000);
        });
    });
</script>
</html>
```

9.5.4 自定义动画

jQuery 提供了 animate()方法供用户自定义动画。

【训练 9-17】自定义动画的方法的使用。代码清单为 code9-17.html。

```
<!DOCTYPE html>
<html lang="en">
<head>
    <meta charset="UTF-8">
    <title>Title</title>
</head>
<body>
    <button>开始动画</button>
    <div style=
    "background:#98bf21;height:100px;
    width:100px;position:absolute;">
    </div>
</body>
<script src="../js/jquery-1.12.4.js"> </script>
<script>
    $(document).ready(function () {
        $("button").click(function () {
            $("div").animate({
                left: '250px'
            });
        });
    });
</script>
</html>
```

【案例 9-4】显示或隐藏电影海报

单击"隐藏电影海报""显示电影海报""显示和隐藏切换"按钮,网页中的电影海报就会触发动画效果,网页效果如图 9-5 所示。

图 9-5　显示或隐藏电影海报

【案例分析】

本案例要在网页中实现图片的动画效果。根据本案例的描述，可以使用 show()、slideDown()、fadeIn()等方法实现动画效果，单击相关的按钮触发对应的事件，单击"隐藏电影海报"按钮，隐藏图片；单击"显示电影海报"按钮，显示图片；单击"显示和隐藏切换"按钮，实现图片的动画效果。

【解决方案】

（1）编写 HTML 结构。代码清单为 case9-4.html。

```html
<!DOCTYPE html>
<html lang="en">
<head>
    <meta charset="UTF-8">
    <title>Title</title>
</head>
<body>
    <input type="button" value="隐藏电影海报" onclick="hideFn()" />
    <input type="button" value="显示电影海报" onclick="showFn()" />
    <input type="button" value="显示和隐藏切换" onclick="toggleFn()" />
    <div id="showdiv">
        <img width="550px" height="550px" src="../img/柯南.png">
    </div>
</body>
<script src="../js/jquery-1.12.4.js"> </script>
<script src="../js/case9-4.js"></script>
</html>
```

（2）编写 JavaScript 脚本。代码清单为 case9-4.js。

```javascript
function hideFn() {
    //隐藏
    //默认方式
    $("#showdiv").hide(5000, "linear");
    //滑动隐藏
    $("#showdiv").slideUp(3000, "swing");
    //淡出
    $("#showdiv").fadeOut(3000, "swing");
```

```
        }
        //显示
        function showFn() {
            //默认方式
            $("#showdiv").show(5000, "linear");
            //滑动显示
            $("#showdiv").slideDown(3000, "swing");
            //淡入
            $("#showdiv").fadeIn(3000, "swing");
        }

        //显示和隐藏切换
        function toggleFn() {
            //默认方式
            $("#showdiv").toggle(3000, "swing");
            //滑动显示方式
            $("#showdiv").slideToggle(3000, "swing");
            //淡入淡出方式
            $("#showdiv").fadeToggle(3000, "swing");
        }
```

9.6 jQuery 中的 AJAX

jQuery 不是一门编程语言，而是利用 JavaScript 在保证网页不被刷新、网页超链接不被改变的情况下与服务器交换数据并更新部分网页的技术。通过 jQuery AJAX 方法，用户能够使用 HTTP Get 和 HTTP Post 从远程服务器上请求文本、HTML、XML 或 JSON 等数据，同时能够把这些数据直接载入网页的被选元素中。

9.6.1 认识 AJAX

AJAX（Asynchronous Javascript And XML）是动态 JavaScript 和 XML 技术的简称，主要用于异步请求。

AJAX 通过在后台与服务器进行少量数据交换，就可以使网页实现异步更新。这意味着 AJAX 可以在不重新加载整个网页的情况下，对网页的某部分进行更新。

AJAX 具有一定的学习门槛，需要结合服务器端才能实现。读者只有掌握了服务器搭建、域名的配置、HTTP 协议、服务器端应用开发、同源策略、数据交互格式（XML、JSON）等基础知识，才能完全理解 AJAX。

注意：AJAX 不是一门编程语言，而是一种用于创建更好、更快及交互性更强的 Web 应用程序的技术。

AJAX 基于 Internet 标准，并使用 XMLHttpRequest 对象(用于与服务器异步交换数据)、JavaScript/DOM（用于显示/取回信息）、CSS（用于设置数据的样式）、XML（常用作数据传输的格式）技术。

XMLHttpRequest 对象用于在后台与服务器交换数据，在不重新加载网页的情况下更新网页，在网页已加载后向服务器请求数据，在网页已加载后从服务器接收数据，在后台向服务器发送数据。所有现代的浏览器都支持 XMLHttpRequest 对象。

9.6.2 jQuery 中的 AJAX 方法

除了$.ajax()方法，jQuery 还提供了更加便捷的$.get()、$.post()和$.load()方法，它们也可以发送 AJAX 请求。jQuery 中常用的 AJAX 方法如表 9-23 所示。

表 9-23 常用的 AJAX 方法

分类	方法	描述
高级应用	$.get(url[,data][,fn][,type])	通过远程 HTTP Get 请求载入信息
	$.post(url[,data][,fn][,type])	通过远程 HTTP Post 请求载入信息
	$.getJSON(url[,data][,fn])	通过 HTTP Get 请求载入 JSON 数据
	$.getScript(url[,fn])	通过 HTTP Get 请求载入并执行一个 JavaScript 文件
	对象.load(url[,data][,fn])	载入远程 HTML 文件代码并将其插入 DOM 中
底层应用	$.ajax(url[,options])	通过 HTTP 请求加载远程数据
	$.ajaxSetup(options)	设置全局 AJAX 默认选项

在表 9-23 中，参数 url 表示请求的 URL 地址；参数 data 表示传递的参数；参数 fn 表示请求成功时执行的回调函数；参数 type 表示服务器返回的数据格式，如 XML、JSON、HTML、TEXT 等；参数 options 表示 AJAX 请求的相关选项，常用的选项如表 9-24 所示。

表 9-24 AJAX 选项

选项名称	描述
url	处理 AJAX 请求的服务器地址
data	发送 AJAX 请求时传递的参数，字符串类型
success	AJAX 请求成功时所触发的回调函数
type	发送的 HTTP 请求方式，如 Get、Post
datatype	期待的返回值类型，可以是 xml、html、script、json、text 等数据类型
async	是否异步，true 表示异步，false 表示同步，默认值为 true
cache	是否缓存，true 表示缓存，false 表示不缓存，默认值为 true
contentType	内容类型请求头
complete	当服务器 URL 接收完 AJAX 请求传送的数据后触发的回调函数
jsonp	在一个 jsonp 请求中重写回调函数的名称

【训练 9-18】$.get()和$.post()方法的使用。代码清单为 code9-18.html。

```
<!DOCTYPE html>
<html lang="en">
<head>
    <meta charset="UTF-8">
    <title>jQuery</title>
</head>
<body>
</body>
```

```
<script src="../js/jquery-1.12.4.js"> </script>
<script>
    //get
    $.get('server.html', function (data, status) {
        console.log('服务器返回结果：' + data + '\n 请求状态： ' + status);
    });
    //post
    $.post('server.html', {
        id: 1
    }, function (data, suatus) {
        console.log('服务器返回结果：' + data + '\n 请求状态： ' + status);
    });
</script>
</html>
```

9.6.3 jQuery 中的 AJAX 事件

AJAX 事件包括局部事件、全局事件两种。

局部事件：在单个 AJAX 请求对象中绑定的事件，每个 AJAX 请求对象能够根据需要绑定自己的局部事件。局部事件仅仅会被那个绑定该事件的 AJAX 对象触发，是属于单个 AJAX 对象的私有（局部）事件。此类事件包含 beforeSend、complete、success 和 error。

全局事件：整个 HTML 文档中全部 AJAX 请求对象公有的事件。因为此类事件不是单个 AJAX 请求私有的事件，所以不能在某个 AJAX 请求中定义此类事件的处理程序。这些全局事件的处理程序被绑定在 document 对象上。

【训练 9-19】局部事件的使用。代码清单为 code9-19.html。

```
<!DOCTYPE html>
<html lang="en">
<head>
    <meta charset="UTF-8">
    <title>jQuery</title>
</head>
<body>
</body>
<script src="../js/jquery-1.12.4.js"> </script>
<script>
    $.ajax({
        beforeSend: function () {},
        complete: function () {}
    });
</script>
</html>
```

[总结归纳]

本单元介绍了 jQuery 及其特点、jQuery 选择器的分类，以及 jQuery 中元素属性的操作，还介绍了 jQuery 中的 DOM 操作和 jQuery 动画，最后介绍了 jQuery 中的 AJAX 方法的基本使用。通过对本单元的学习，读者应能熟练运用 jQuery 开发常见的网页交互效果。归纳总结如图 9-6 所示。

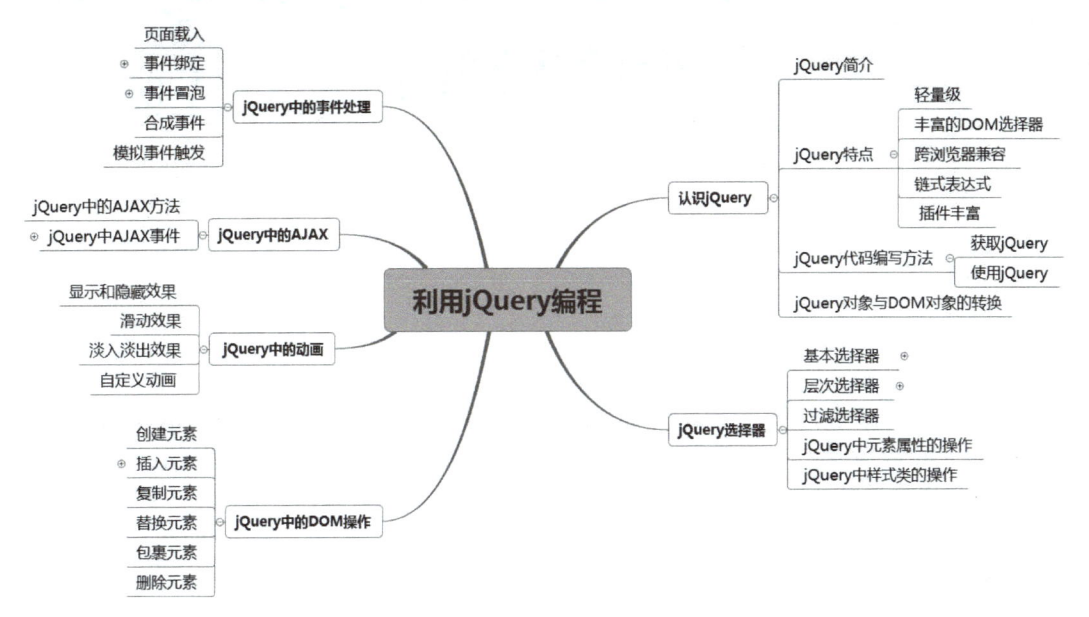

图 9-6　利用 jQuery 编程

单元10 利用JavaScript/jQuery设计个性化网站

学习目标

掌握网站的建设目标，掌握网站规划与设计内容，掌握网页制作方法。能够利用JavaScript/jQuery设计一个个性化网站。能够熟练运用JavaScript/jQuery实现良好的用户体验和网页动态交互效果。培养学生精益求精、爱岗敬业的职业精神，增强学生的角色意识。

情境引例

网络凭借其卓越的互动性与便捷的交流手段逐步成为最有发展潜力与前途的新兴媒体，成为众商家备受关注的宣传热点。作为传媒公司，更要建设好自己的网站，使网站具有鲜明的行业特色，将其作为对外宣传、服务和交流的载体，使更多的用户通过网络来了解并认识公司。

本单元利用JavaScript/jQuery设计一个具有多种特效的个性化网站。

10.1 建设目标

传媒公司的网站的主要功能是对外宣传、服务和交流，所以要求网站能够为用户提供良好的用户界面和良好的用户体验，从而更好地展示公司形象，使公司获得更多的目标用户，开拓市场。

10.1.1 展示公司形象

展示公司形象是一个网站的基本功能，用户登录网站后，可以通过网站风格和丰富的内容了解该公司的形象、文化和发展目标，这无形中就提升了公司的知名度和美誉度。

10.1.2 获得更多的目标用户

获得更多的目标用户是一个公司的期望。要想实现期望的目标，公司就要不断地提升其在用户心目中的形象。公司可以通过网站体现公司文化、公司产品、成功案例，以及与用户建立沟通渠道（比如设置"联系我们"模块等）。

10.1.3　开拓市场

网站运营之后，通过与用户的互动，公司可以及时地了解用户的需求和市场信息等情况，这可以为公司改进服务、提高产品质量、把握市场信息、调整经营方向提供参考和依据。网站还会最大限度地实现对资源的利用和共享，从而提高工作效率，节省工作时间。

10.2　网站规划

网站规划是指在建设网站前对市场进行分析、确定网站建设的目标和功能，并根据需要对网站建设中所使用的技术、网站内容、费用，以及测试、维护等做出规划。

10.2.1　市场分析

网站是公司营销的媒介，也是供用户获取公司信息的场所。目前，许多网站建设者比较注重网站的外观效果，经常忽视网站的交互性和其带来的用户体验。只有提供良好的交互性，才能为用户带来温馨的、便利的体验，获得用户更多的喜爱，从而为网站培育更为忠实的用户。

10.2.2　网站建设目标和功能

此网站建设的目标主要是获取更多用户、树立公司形象、宣传产品和开拓市场。

从网站功能的角度分析，传媒公司的网站主要用于对内容和新闻资讯进行展现，以及与用户进行交互。传媒公司的网站的开发建设虽然不需要实现许多较强的功能，但需要实现非常多细节方面的交互功能。

（1）轮播图显示功能。
（2）二级导航功能。
（3）搜索功能。
（4）图片放大功能。
（5）登录功能。
（6）留言板功能。

10.2.3　网站建设中所使用的技术

根据网站的功能定位，确定网站建设技术解决方案。
（1）使用 Window 10 操作系统。
（2）使用 Node.js 服务器进行网页测试。
（3）使用 HTML5+CSS3 进行网页设计与制作。

（4）使用 JavaScript/jQuery 进行网页交互效果设计。
（5）使用 Adobe Photoshop 2021 作为效果图设计工具。
（6）使用 Visual Studio Code 作为开发工具。

10.2.4 网站建设内容

网站建设内容主要包括公司信息、公司产品、公司服务、联系方式。
（1）根据网站建设目标，确定网站导航。
此网站导航包括首页、公司概况、成功案例、联系我们、后台登录和搜索。
（2）根据网站建设目标，确定网站导航中每个导航项的具体内容。
① 首页中包括"导航"部分、"广告"部分、"内容"部分、"页脚"部分。
② 公司概况中包括公司介绍等。
③ 成功案例中包括案例列表子导航。
④ 联系我们中包括公司位置信息和留言板。
⑤ 后台登录中包括登录信息表单。
⑥ 搜索中包括用于输入关键字的文本框和"搜索"按钮。

10.3 网站设计

10.3.1 设计目标

根据网站建设目标、功能和建设内容，制定以下具体设计目标。
（1）根据用户需求，使用 HTML5+CSS3 进行网页设计与制作，使用 JavaScript/jQuery 进行网页交互效果设计。
（2）网页体现了公司形象，在框架编排、色彩搭配及交互效果方面做到恰到好处，使网站在保证功能的前提下给浏览者带来良好的视觉享受。
（3）制定文件、文件夹、样式表、html 元素命名规范。
（4）确保文件夹结构和网页结构设计清晰、规范。
（5）利用媒体查询实现在移动设备上正常显示效果。

10.3.2 网站结构设计

网站结构设计是网站设计的重要组成部分。在内容设计完成之后，网站的建设目标及建设内容等有关问题已经确定。结构设计要做的事情就是将内容划分为清晰、合理的层次体系，比如栏目的划分及其关系、网页的层次及其关系、超链接的路径设置、功能在网页上的分配等。结构设计是体现内容设计与创意设计的关键环节。
充分考虑此传媒公司网站的建设目标和功能需要后，设计的网站首页结构如图 10-1 所示。

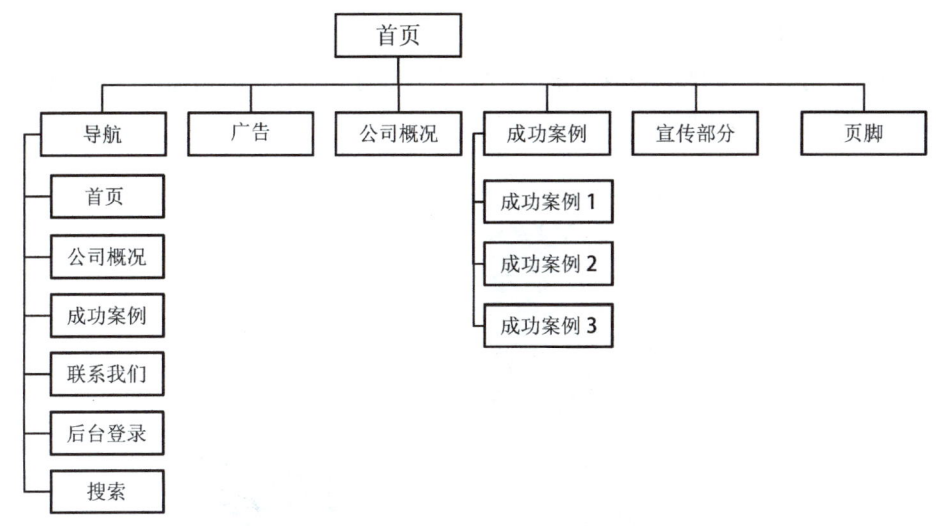

图 10-1 网站首页结构

10.3.3 网页效果设计

网页美工根据网站建设目标和功能需要，明确用户需求，确定网页风格和色调，运用图片处理软件 Photoshop 进行网页效果 UI 设计，出好样图后给用户审核，经过几轮修订后方可最终定稿，必要时需要用户签字确认。

1. 首页效果设计

网站首页主要用于体现传媒公司的形象，主要分为"导航""广告""内容""页脚"四个部分。

（1）"导航"部分。

根据网站建设目标，此网站导航包括首页、公司概况、成功案例、联系我们、后台登录和搜索，效果如图 10-2 所示。

图 10-2 导航效果

（2）"广告"部分。

为了充分体现公司文化，网站首页采用轮播图显示广告，效果如图 10-3 所示。

图 10-3 轮播图效果

(3)"内容"部分。

为了让用户了解企业概况和成功案例,"内容"部分设立了"公司概况"和"成功案例"两个模块,效果如图10-4所示。

图10-4 "内容"部分的效果

(4)"页脚"部分。

此部分主要展示的内容是网站的版权信息,但为了方便沟通,此处添加了"联系我们"模块,效果如图10-5所示。

图10-5 "页脚"部分的效果

此网站由于采用了响应式 Web 设计方式，网页在不同类型的设备上将会呈现不同的显示效果。首页在 PC 端上的显示效果如图 10-6 所示，首页在移动端上的显示效果如图 10-7 所示。

图 10-6　PC 端效果

图 10-7　移动端效果

2. "联系我们"网页效果设计

为方便与用户进行互动,"联系我们"网页中设置了"公司位置信息"和"留言板"模块。"联系我们"网页效果如图 10-8 所示。

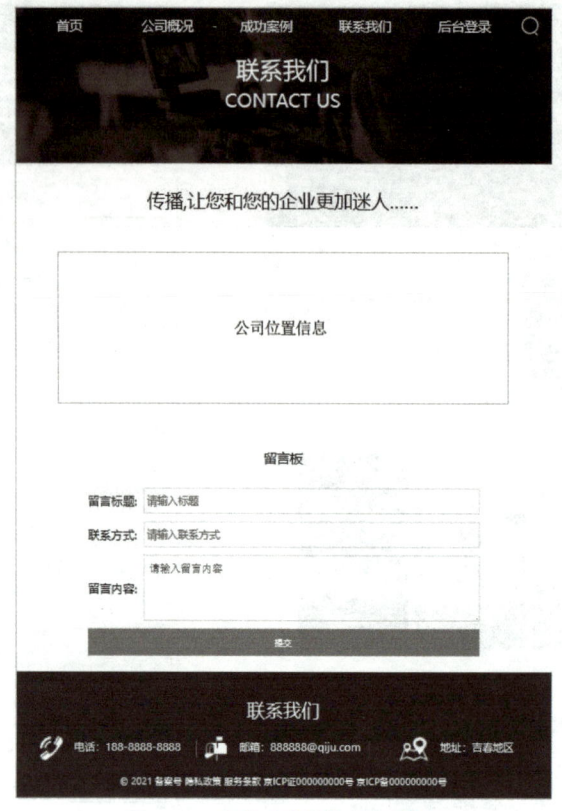

图 10-8 "联系我们"网页效果

10.4 网页制作

在进行网页制作之前,网页美工首先需要根据网页效果图,利用 Photoshop 进行切图,确定每块区域的用色和尺寸等,然后将制作好的素材及开发原型移交给前端工程师,前端工程师拿到后,就可以开始创建站点,准备好网站素材后即可进行网页设计与制作。

10.4.1 制作首页

首页是一个网站的主索引页,供用户了解网站概貌并引导其阅读重点内容。
（1）编写 HTML 结构。代码清单为 index.html。
① 首页整体结构。

```
<!DOCTYPE html>
<html>
<head>
    <meta charset="utf-8" />
```

```html
        <META Name="keywords" Content="某传媒有限公司" />
        <meta name="viewport" content="width=device-width,initial-scale=1,minimum-scale=1,maximum-scale=1,user-scalable=no" />
        <title>某传媒有限公司</title>
        <link rel="stylesheet" type="text/css" href="css/style.css" />
    </head>
    <body>
        <nav class="nav"><!-- "导航"部分 --></nav>
        <section class="banner"><!-- "广告"部分 --></section>
        <section class="box"><!-- 公司概况标题 --></section>
        <section class="service-box"><!-- 回到顶部（TOP）--></section>
        <section class="login-bg"><!-- 后台登录 --></section>
        <section class="synopsis box clearfix"> <!-- 公司介绍 --></section>
        <section class="box business clearfix"> <!-- 视频展示 --></section>
<section class="box"><!–成功案例标题 --></section>
        <section class="box cases-box clearfix"> <!-- 成功案例 --> </section>
        <section class="box"></section>
        <section class="box cases-box clearfix"> <!–"宣传"部分 --> </section>
        <footer class="footer"><!-- "页脚"部分 --></footer>
        <script src="js/jquery.min.js" type="text/javascript" charset="utf-8"></script>
        <script src="js/index.js" type="text/javascript" charset="utf-8"></script>
    </body>
</html>
```

② "导航"部分。

```html
    <nav class="nav">
    <ul>
        <li class="nav-li"><a href="index.html" class="nav-text">首页</a></li>
        <li class="nav-li"><a href="Introduction.html" class="nav-text">公司概况</a></li>
        <li class="nav-li"><a href="" class="nav-text">成功案例</a>
            <span class="nav-triangle"></span>
            <ul class="nav-ul">
                <li><a href="" class="nav-text2">成功案例1</a>
                <li><a href="" class="nav-text2">成功案例2</a>
                <li><a href="" class="nav-text2">成功案例3</a>
            </ul>
        </li>
        <li class="nav-li"><a href="about.html" class="nav-text">联系我们</a></li>
        <li class="nav-li" id="login"><a href="javascript:void(0)" class="nav-text">后台登录</a></li>
        <li class="search-bg">
            <div class="search">
```

```
                <div class="search-btn"></div>
                <div class="search-main">
                    <input type="text" class="search-text" placeholder="请输入搜索内容" name="" />
                </div>
            </div>
        </li>
    </ul>
</nav>
```

③ "广告"部分。

```
<section class="banner">
    <ul class="banner-ul">
        <li class="banner-li"><img class="banner-img" src="img/banner1.jpg" /></li>
        <li class="banner-li"><img class="banner-img" src="img/banner2.jpg" /></li>
    </ul>
    <div class="canvas-right-btn">
        <span class="canvas-right-btn-span"></span>
        <span class="canvas-right-btn-span"></span>
        <span class="canvas-right-btn-span"></span>
    </div>
</section>
```

④ 公司概况标题。

```
<section class="box">
    <div class="index-title">
        <div class="title-text-box">
            <div class="title-text">公司概况</div>
            <div class="title-text-en">COMPANY INTRODUCTION</div>
        </div>
        <div class="title-split"></div>
    </div>
</section>
```

⑤ 回到顶部（TOP）。

```
<section class="service-box">
    <div class="service-top">
        <div class="service-top-main">
            <a href=""><img src="" /></a>
        </div>
    </div>
    <div class="service-bottom">
        <div class="service-bottom-main"></div>
    </div>
</section>
```

⑥ 后台登录。

```html
<section class="login-bg">
    <div class="login-main">
        <div class="login-close">×</div>
        <div class="login-title">登录</div>
        <div class="input-bg">
            <p class="input-text">账　号</p>
            <input type="text" name="" placeholder="请输入账号">
        </div>
        <p class="list-input-title">账号不能为空！</p>
        <div class="input-bg">
            <p class="input-text">密　码</p>
            <input type="password" name="" placeholder="请输入密码">
        </div>
        <p class="list-input-title">密码不能为空！</p>
        <input type="button" class="login-sub" value="立即登录" name="" />
    </div>
</section>
```

⑦ 公司介绍。

```html
<section class="synopsis box clearfix">
    <div class="synopsis-l">
        <img src="img/qygk.jpg" />
    </div>
    <div class="synopsis-r">
        <h1>某传媒有限公司</h1>
        <p>本公司是一家提供定制服务的传媒公司，可以为您的企业制订合理的包装推广计划，从企业发展角度出发，不断创新产品，发挥设计优势、拍摄优势、制作优势、广告资源优势，结合市场数据分析，多维度满足用户的需求，为企业真正解决市场难题。</p>
        <a href="" class="index-more">MORE&gt;</a>
    </div>
</section>
```

⑧ 视频展示。

```html
<section class="box business clearfix">
    <div class="business-l">
        <div class="business-l-box" style="display: block;">
            <div class="business-title">视频展示</div>
            <div class="business-title-en">Video display</div>
            <div class="business-split"></div>
            <p class="business-text">
                公司主要业务涉及电影、电视剧的策划及制作；广播、电视、网络及新媒体内容的承制和发布；企业宣传及形象推广；影视广告和户外媒体投放；平面设计、画册印刷；会务会展服务以及各种活动组织、策划、推广等。
            </p>
            <a href="" class="index-more">MORE&gt;</a>
        </div>
    </div>
```

```html
                <div class="business-l-box">
                    <div class="business-title">品牌建设</div>
                    <div class="business-title-en">Brand construction</div>
                    <div class="business-split"></div>
                    <p class="business-text">
                        增加企业的凝聚力
                    </p>
                    <a href="" class="index-more">MORE&gt;</a>
                </div>
                <div class="business-l-box">
                    <div class="business-title">活动案例</div>
                    <div class="business-title-en">Activities in case</div>
                    <div class="business-split"></div>
                    <p class="business-text">
                        <a href="">德元艺素馆品鉴会</a>
                        <a href="">美斯·韦德健身中心开业庆典</a>
                    </p>
                    <a href="" class="index-more">MORE&gt;</a>
                </div>
            </div>
            <div class="business-r">
                <div class="business-list">
                    <img src="img/spzs.jpg" class="business-img">
                    <div class="business-r-text-box">
                        <div class="business-r-text">视频展示</div>
                        <div class="business-r-text-en">Video display</div>
                    </div>
                </div>
                <div class="business-list">
                    <img src="img/ppjs.jpg" class="business-img">
                    <div class="business-r-text-box">
                        <div class="business-r-text">品牌建设</div>
                        <div class="business-r-text-en">Brand construction</div>
                    </div>
                </div>
                <div class="business-list">
                    <img src="img/hdal.jpg" class="business-img">
                    <div class="business-r-text-box">
                        <div class="business-r-text">活动案例</div>
                        <div class="business-r-text-en">Activities in case</div>
                    </div>
                </div>
            </div>
</section>
```

⑨ 成功案例标题及成功案例。

```html
<section class="box">
```

```html
        <div class="index-title">
            <div class="title-text-box">
                <div class="title-text">成功案例</div>
                <div class="title-text-en">SUCCESSFUL CASES</div>
            </div>
            <div class="title-split"></div>
        </div>
</section>
<section class="box cases-box clearfix">
    <div class="cases-l">
        <div class="cases-l-top">
            <img src="img/cgal1.png" class="cases-img">
        </div>
        <div class="cases-l-bottom">
            <img src="img/cgal2.png" class="cases-img">
        </div>
    </div>
    <div class="cases-r">
        <div class="cases-r-top clearfix">
            <div class="cases-r-1">
                <div class="cases-r-1-top clearfix">
                    <div class="cases-r-1-top-box">
                        <img src="img/cgal3.png" class="cases-img">
                    </div>
                    <div class="cases-r-1-top-box cases-no-margin">
                        <img src="img/cgal4.png" class="cases-img">
                    </div>
                </div>
                <div class="cases-r-1-bottom">
                    <img src="img/cgal5.png" class="cases-img">
                </div>
            </div>
            <div class="cases-r-2">
                <img src="img/cgal7.jpg" class="cases-img">
                <div class="cases-more-box">
                    <div class="cases-title">WHO<br />ARE WE</div>
                    <div class="cases-split"></div>
                    <div class="cases-text">更多案例</div>
                    <div class="cases-text-en">More case</div>
                    <a href="" class="index-more">MORE&gt;</a>
                </div>
            </div>
        </div>
        <div class="cases-r-bottom">
            <img src="img/cgal6.jpg" class="cases2-img">
        </div>
    </div>
```

```html
        </section>
```

⑩ "宣传"部分。

```html
<section class="box">
    <div class="cases-split-b"></div>
</section>
<section class="box cases-box clearfix">
    <div class="cases2-l">
        <div class="cases2-l-top">
            <img src="img/cga18.png" class="cases-img">
        </div>
        <div class="cases2-l-bottom">
            <div class="cases2-l-bottom-box">
                <img src="img/cga19.png" class="cases-img">
            </div>
            <div class="cases2-l-bottom-box cases-no-margin">
                <img src="img/cga110.png" class="cases-img">
            </div>
        </div>
    </div>
    <div class="cases2-r">
        <img src="img/cga111.png" class="cases-img">
    </div>
</section>
```

⑪ "页脚"部分。

```html
<footer class="footer">
    <div class="box">
        <div class="footer-title">联系我们</div>
        <div class="footer-list-box">
            <div class="footer-list"><img src="img/icon_phone.png"><span>电话：188-8888-8888</span></div>
            <div class="footer-list footer-list-middle"><img src="img/icon_email.png"><span>邮箱：888888@qiju.com</span></div>
            <div class="footer-list"><img src="img/icon_address.png"><span>地址：吉春地区</span></div>
        </div>
        <p class="bq">© 2021 备案号 隐私政策 服务条款 京ICP证000000000号 京ICP备000000000号</p>
    </div>
</footer>
```

(2) 编写 CSS 样式（此部分可参见本书配套源代码中的 "Unit 10/传媒网站/css/style.css"）。

(3) 编写 JavaScript/jQuery 脚本。代码清单为 index.js。

```javascript
$(document).ready(function() {
    // 搜索展开
```

```javascript
    $(".search-btn").click(function() {
        if ($(this).hasClass("search-open")) {
            $(this).removeClass("search-open")
            $(".search-main").stop(true, true).fadeOut()
        } else {
            $(this).addClass("search-open")
            $(".search-main").stop(true, true).fadeIn()
        }
    })
    // 二级导航展开
    $(".nav-li").mouseenter(function() {
        if ($("body").width() <= 768) { // 判断是否是小于或等于768px的小屏
            return false
        }
        $(this).children(".nav-ul").stop(true, true).slideDown(200, function() {
            $(this).css("overflow", "visible")
        })
    })
    $(".nav-li").mouseleave(function() {
        if ($("body").width() <= 768) { // 判断是否是小于或等于768px的小屏
            return false
        }
        $(this).children(".nav-ul").stop(true).slideUp(200)
    })
    // 首页轮播图
    // 获取banner个数，用于判断是否是最后一张图片和只有一张图片
    var bannerNum = $(".banner-li").length
    var num = 0 // 轮播标识
    function bannerRight() {
        num++
        $(".banner-ul").animate({ // 使用animate()方法实现过渡动画
            "left": -num * 100 + "vw"
        }, function() { // 回调函数，当轮播到最后一张图片时，返回最初位置
            if (num == bannerNum) {
                $(".banner-ul").animate({
                    "left": "0vw"
                }, 0)
                num = 0
            }
        })
    }
    if (bannerNum > 1) { // 当大于一张图片时触发滚动事件
    // 复制第一张图片，然后追加到最后一张图片的后面，用来实现无缝播放
        $(".banner-ul").append($(".banner-li").eq(0).clone())
        var bannerTime = setInterval(bannerRight, 5000) // 设置定时器
    }
```

```javascript
// 展示切换
$(".business-list").click(function() { // 单击鼠标
    // 判断是否是当前所选，防止闪屏
    if (!$(".business-l-box").eq($(this).index()).is(':hidden')) {
        return false
    }
    $(".business-l-box").stop(true, true).fadeOut(300) // 淡出当前的窗口
    $(".business-l-box").eq($(this).index()).stop(true, true).fadeIn(300) // 淡入鼠标指针进入的窗口
})
// 返回顶部
$('.service-bottom').click(function() {
    if ($('html , body').is(':animated')) { // 判断当前是否正在返回顶部
        return false
    }
    $('html , body').animate({
        scrollTop: 0
    })
})

// 成功案例展开事件
$(".cases-img").click(function() {
    var imgSrc = $(this).attr("src") // 获取当前被单击图片的路径
    $("body").append(
        "<div class='cases-show'><div class='cases-show-img' style='background-image: url(" +
        imgSrc + ")'></div><div class='cases-close'></div></div>"
    ) // 页面新建元素
    $(".cases-show").animate({ // 遮罩层动画
        "opacity": 1
    }, "fast")
    $(".cases-show-img").animate({ // 图片动画
        "margin-top": 0,
        "opacity": 1
    })
    $(".cases-close").click(function() { // "关闭"按钮单击事件
        $(".cases-show").animate({ // 遮罩层动画
            "opacity": 0
        }, "fast")
        $(".cases-show-img").animate({ // 图片动画
            "margin-top": "10%",
            "opacity": 0
        }, function() { // 图片动画回调
            $(".cases-show").remove() // 移除该元素
        })
    })
})
```

```javascript
    })
    // 移动端导航显示
    $(".canvas-right-btn").click(function () {
        $("body").append("<div class='mask'></div>")
        $(".mask").animate({ // 遮罩层动画
            "opacity": 1
        }, "fast")
        $(".nav").animate({
            left: "0"
        }, "fast")
        $(".mask").click(function () {
            $(".nav").animate({
                left: "-180px"
            }, "fast")
            $(".mask").animate({
                opacity: 0
            }, "fast", function () {
                $(".mask").remove()
            })
        })
    })
    // 移动端导航展开按钮
    $(".nav-triangle").click(function () {
        $(this).next().slideToggle(200)
    })
    // 将留言板"提交"按钮功能放到这里

    $(".list-input").change(function () {
        $(this).parent(".list-input-bg").next().hide()
    })
    $("#login").click(function () { // "登录"按钮单击事件
        $(".login-bg").css("display", "flex")
        $(".login-bg").animate({
            opacity: 1
        })
        $(".login-main").animate({
            "margin-top": 0
        })
    })
    $(".login-sub").click(function () { // 表单验证
        $(".input-bg input").each(function (index) {
            if ($(this).val() == "") {
                $(this).parent(".input-bg").next().show()
                $(this).focus()
                return false
            } else if (index + 1 == $(".input-bg input").length) {
```

```javascript
            $.ajax({ // 调取登录接口
                type: "post",
                url: "login",
                data: {
                    "username": $(".input-bg input").eq(0).val(),
                    "password": $(".input-bg input").eq(1).val()
                },
                async: true,
                success: function(msg) { // 成功事件，关闭登录窗口
                    $(".login-main").animate({
                        "margin-top": "200px"
                    })
                    $(".login-bg").animate({
                        opacity: 0
                    },function(){
                        $(".login-bg").hide()
                    })
                },
                error: function(XMLHttpRequest, textStatus,
                errorThrown) { // 错误提示，账号或密码错误
                    $("body").append("<div    class='pop-title'><div class='pop-title-title'>账号或密码错误!</div></div>")
                    $(".pop-title").animate({
                        opacity: 1
                    }, 200)
                    setTimeout(function() {
                        $(".pop-title").animate({
                            opacity: 0
                        }, 200, function() {
                            $(this).remove()
                        })
                    }, 2000)
                }
            })
        }
    })
})
$(".input-bg input").change(function() {
    $(this).parent(".input-bg").next().hide()
})
$(".login-close").click(function(){ // 关闭事件
    $(".login-main").animate({
        "margin-top": "200px"
    })
    $(".login-bg").animate({
        opacity: 0
```

```
        },function(){
            $(".login-bg").hide()
        })
    })
})
```

10.4.2 制作"联系我们"网页

(1) 编写 HTML 结构。代码清单为 about.html。

```
<!DOCTYPE html>
<html>
<head>
    <meta charset="utf-8" />
    <META Name="keywords" Content="某传媒有限公司" />
    <meta name="viewport" content="width=device-width,initial-scale=1,minimum-scale=1,maximum-scale=1,user-scalable=no" />
    <title>某传媒有限公司</title>
    <link rel="stylesheet" type="text/css" href="css/style.css" />
</head>
<body>
    <nav class="nav"><!-- "导航"部分 --></nav>
    <section class="banner-list"><!-- "广告"部分 --></section>
    <section class="login-bg"><!--后台登录部分 --></section>
    <section class="list-main box">
        <div class="list-main-title">传播,让您和您的企业更加迷人……</div>
        <img src="img/map.jpg" class="list-map">
        <div class="list-lyb">留言板</div>
        <div class="list-input-bg">
            <div class="list-input-text">留言标题:</div>
            <input type="text" value="" class="list-input" placeholder="请输入标题" />
        </div>
        <p class="list-input-title">留言标题不能为空!</p>
        <div class="list-input-bg">
            <div class="list-input-text">联系方式:</div>
            <input type="text" value="" class="list-input" placeholder="请输入联系方式" />
        </div>
        <p class="list-input-title">联系方式不能为空!</p>
        <div class="list-input-bg">
            <div class="list-input-text">留言内容:</div>
            <textarea rows="" cols="" class="list-input" placeholder="请输入留言内容"></textarea>
        </div>
        <p class="list-input-title">留言内容不能为空!</p>
        <input type="button" class="list-btn" value="提交" />
    </section>
```

```html
        <footer class="footer"> <!-- "页脚"部分 -->  </footer>
        <script src="js/jquery.min.js" type="text/javascript" charset="utf-8">
</script>
        <script src="js/index.js" type="text/javascript" charset="utf-8">
</script>
    </body>
</html>
```

（2）编写 CSS 样式（此部分可参见本书配套源代码中的"Unit 10/传媒网站/css/style.css"）。

（3）编写 JavaScript/jQuery 脚本。代码清单为 index.js。

```javascript
// 留言板"提交"按钮
$(".list-btn").click(function () {
    $(".list-input").each(function(index) {
        if ($(this).val() == "") {
            $(this).parent(".list-input-bg").next().show()
            $(this).focus()
            return false
        } else if (index + 1 == $(".list-input").length) {
            if ($(".pop-title").length <= 0) {
                $("body").append(
                    "<div class='pop-title'><div class='pop-title-title'>提交成功!</div></div>"
                )
                $(".pop-title").animate({
                    opacity: 1
                }, 200)
                $(".list-input").val("")
                setTimeout(function () {
                    $(".pop-title").animate({
                        opacity: 0
                    }, 200, function () {
                        $(this).remove()
                    })
                }, 2000)
            }
        }
    })
})
```

【归纳总结】

本单元系统地介绍了个性化网站的设计流程，同时阐述了网页制作过程。通过对本单元的学习，读者需重点掌握利用 JavaScript/jQuery 实现网页交互效果的方法。归纳总结如图 10-9 所示。

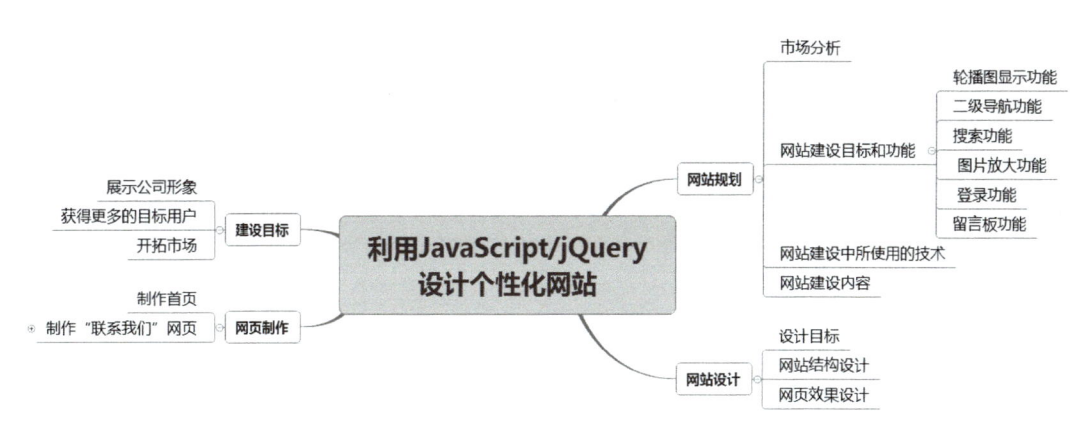

图 10-9　利用 JavaScript/jQuery 设计个性化网站

反侵权盗版声明

电子工业出版社依法对本作品享有专有出版权。任何未经权利人书面许可，复制、销售或通过信息网络传播本作品的行为；歪曲、篡改、剽窃本作品的行为，均违反《中华人民共和国著作权法》，其行为人应承担相应的民事责任和行政责任，构成犯罪的，将被依法追究刑事责任。

为了维护市场秩序，保护权利人的合法权益，我社将依法查处和打击侵权盗版的单位和个人。欢迎社会各界人士积极举报侵权盗版行为，本社将奖励举报有功人员，并保证举报人的信息不被泄露。

举报电话：（010）88254396；（010）88258888
传　　真：（010）88254397
E-mail：dbqq@phei.com.cn
通信地址：北京市万寿路173信箱
　　　　　电子工业出版社总编办公室
邮　　编：100036